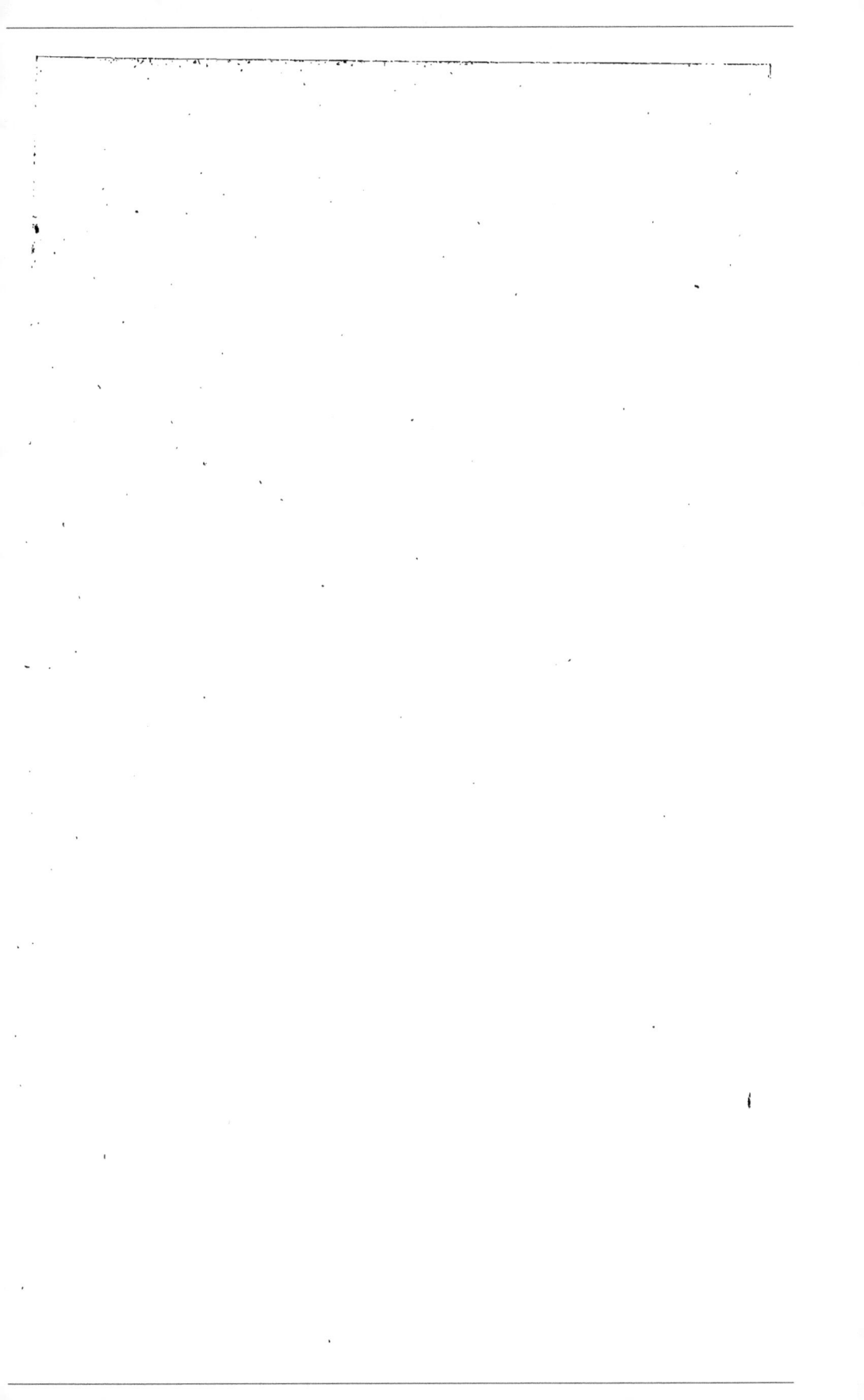

OBSERVATIONS

A MESSIEURS DE L'ACADÉMIE DE BESANÇON

SUR LA CRITIQUE QUI A ÉTÉ FAITE,

Par M. CLERC, Académicien,

DU PREMIER VOLUME

DE MA PHYSIOLOGIE DES SENSATIONS.

MESSIEURS,

Vous avez fait publier votre séance du 28 janvier 1844. Dans cette brochure se trouve un article relatif au premier volume de la Physiologie des Sensations que j'ai fait publier. Cet article a pour titre : « Rapport de M. Clerc, père, sur un livre de M. Guillaume. »

En vous annonçant d'abord qu'il ne s'est point proposé de faire le rapport de mon livre, mais bien *une critique*, et, qui plus est, *une critique impro-*

batrice, M. Clerc vous a exprimé de suite toute sa pensée et la nature du sentiment qui l'a inspiré dans son travail. Ensuite pourquoi a-t-il fait une critique improbatrice? C'est parce que, dit-il, la question qui va être l'objet de son examen est déjà *préjugée* dans son esprit. Telle est, Messieurs, la franchise avec laquelle M. Clerc vous a dénoncé l'impartialité qui l'a guidé dans son examen.

La critique est le flambeau de la science; et quiconque aime la science doit appeler la critique pour juger ses œuvres et reconnaître franchement une erreur lorsqu'elle lui est démontrée. Mais il y a deux espèces de critique : l'une savante, qui s'arme de la démonstration, qui aprécie les faits et leurs conséquences, et donne des conclusions conformes ou contraires à celle de l'Auteur; voilà la critique qui doit être en usage dans les Académies. L'autre espèce de critique n'est d'aucun bon résultat pour la science; c'est celle qui, privée des moyens de convaincre, remplace la démonstration par les sophismes, la mauvaise foi et les personnalités injurieuses; elle se venge sur la personne du mal qu'elle ne peut faire à sa doctrine.

Voyons, Messieurs, à laquelle de ces deux espèces de critique M. Clerc a demandé ses inspirations.

Avant de vous soumettre mes observations, je dois vous signaler une petite erreur étrangère à la science, et qui n'a d'importance que sous le rapport de l'exactitude qui doit caractériser les faits consignés dans ses annales. M. Clerc vous a dit que j'avais *prié* votre Société de me manifester son opinion sur mon livre. Je professe le plus profond respect pour vos personnes et vos jugements ; cependant le fait positif est que je n'ai point sollicité une décision de votre part. (1)

Vous auriez une idée très fausse et très incomplète de mon livre, si vous l'aviez jugé d'après la critique de M. Clerc. Je dois reconnaître au reste que votre collègue a eu la franchise de vous avertir que ses forces ne lui avaient pas permis d'embrasser toute mon œuvre, et qu'il avait dû se borner à apprécier le mérite de deux chapitres *seulement*. Cependant, comme, quelque bornée que soit la tâche qu'il s'est imposée,

---

(1) Voici comment un volume de ma Physiologie est parvenu à cette Académie.

M. Pallu, bibliothécaire de la ville de Dole, en me demandant de la part de M. Weiss un exemplaire de mon ouvrage pour la bibliothèque de Besançon, m'engagea à faire le même don à l'Académie de cette ville. C'est sur cette demande que je fis remettre deux exemplaires à M. Pallu, qui se chargea lui-même de les envoyer à leur destination ; mais il n'y a pas eu prière à l'Académie de porter un jugement sur mon œuvre. Si telle eût été mon intention, j'aurais adressé moi-même une demande écrite à M. le Secrétaire, comme la chose se pratique en pareil cas, et comme je l'ai fait auprès de plusieurs autres Académies qui ont daigné m'honorer de leurs suffrages.

Or, c'est une démarche que je n'ai point faite auprès de l'Académie de Besançon. Cependant son Secrétaire, M. Perron, m'a accusé réception de mon livre, en m'annonçant qu'il en serait fait rapport à la Société, et qu'aussitôt ce rapport terminé il *s'empresserait* de m'en faire part. Ce n'est pourtant que *huit mois après* (le 17 septembre 1844) qu'il m'en a donné connaissance. Pourquoi ce retard ?

Si mes observations sur la critique de M. Clerc ne paraissent que si longtemps après que celle-ci a été publiée, on ne doit l'attribuer qu'à l'ignorance où j'étais de l'existence de cette pièce académique.

il n'a pas su être le fidèle interprète de la science ; je sens le besoin, Messieurs, de vous signaler les défauts que sa critique m'a paru offrir, sous le multiple rapport de la vérité des faits, de la valeur de la démonstration et de la logique des conséquences.

Je vais suivre pas à pas M. Clerc dans les trois paragraphes qui composent son œuvre académique.

§ I.

On a trouvé généralement déplacé que M. Clerc ait débuté par vous donner une définition de la psycologie, puis de la physiologie ; car, a-t-on fait observer, M. Guillaume n'ayant point fait de définitions de ce genre, M. Clerc n'avait point à le critiquer sous ce rapport. A quoi bon dès-lors ces définitions ? M. Clerc a-t-il la prétention d'apprendre à des Académiciens l'objet de la physiologie et de la psycologie ? Non, ont répondu certaines personnes, M. Clerc est trop modeste pour cela. S'il agit ainsi, c'est qu'ayant une idée très superficielle et très obscure de ces sciences, il sent le besoin de se les définir lui-même. La vérité à cet égard est qu'on ne sait pas quel motif a déterminé M. Clerc.

Votre collègue, Messieurs, vous a ensuite fait connaître l'incroyable paradoxe que j'ai eu l'audace d'avancer, lorsque je *soutiens* que les opérations de l'intelligence ne s'effectuent pas dans un seul point de l'encéphale, ainsi que le pensent les psycologistes, mais qu'elles ont plusieurs foyers de production. Comme mon opinion est appuyée sur une série d'expériences physiologiques qui lui donnent un certain degré de certitude , et qu'elle a déjà été partagée par des hommes tels que Willis , Lancisi et Boerhaawe, vous vous attendiez sans doute à une sérieuse discussion sur cette question ; vous pensiez voir M. Clerc faire usage de toutes les ressources de son talent pour s'assurer un triomphe éclatant.

Mais M. Clerc a trompé votre espoir ! Vous avez été promptement désabusés, lorsqu'au lieu d'une démonstration bien concluante, il s'est contenté de vous dire de sa voix la plus grave : « *Telle est la* « *physiologie de M. Guillaume mise en opposition* « *avec la psycologie.* »

Il faut convenir , MESSIEURS , que cette réflexion ne jette aucune lumière sur la question , et que les psycologistes auront à regretter qu'elle laisse à mon opinion tout le prestige des faits positifs.

Ici il n'y a qu'insuffisance de démonstration. Mais qu'avez-vous pensé de l'orthodoxie de M. Clerc, lorsque, pour répondre aux reproches que je fais aux psycologistes de tomber dans les contradictions les plus manifestes et d'avoir les conceptions les plus bizarres, quand ils veulent raisonner sur l'origine , la nature et le siège de l'ame, il vous a déclaré *que les psycologistes ont offert*, en effet, *beaucoup de singularités dans leurs doctrines?* N'est-ce pas , MESSIEURS , une hérésie qu'une pareille affirmation? Ne porte-t-elle pas atteinte à la confiance que doit inspirer le spiritualisme? Je vous avoue que cet aveu m'a infiniment flatté, que je l'ai considéré comme un hommage rendu à mon opinion. S'il prouve contre la logique de M. Clerc, il atteste en compensation son ingénue sincérité.

En vous rappelant que *le matérialisme attaque de front le spiritualisme*, M. Clerc n'a pas eu l'intention, j'en suis persuadé, de vous signaler un fait neuf; j'aime à croire que cette réflexion n'a été faite par lui que comme une transition à une des questions les plus délicates de la psycologie, c'est-à-dire celle qui a pour objet *l'immatérialité* et *l'immortalité de l'ame*. Mais ceux qui ont lu mon livre s'étonnent de voir M. Clerc toucher à cette question, lorsque je me suis abstenu d'en parler, lorsque j'ai fait observer, au contraire, qu'il est oiseux de discuter sur les essences qui nous seront toujours inconnues. Qu'ainsi l'immatérialité, par exemple, n'étant qu'une absence des modes d'être de la matière, ne constitue pas une nature particulière, puisque toute nature se compose, non pas d'une négation, mais d'un ensemble d'attributs réels. Or, ce sont ces attributs propres qu'il faudrait pouvoir désigner pour dire qu'on a une idée, une connaissance de l'essence de l'ame.

Au lieu de critiquer les observations que j'ai faites à cet égard, M. Clerc vous a cité, MESSIEURS, on ne sait trop dans quel but, des opinions qui tendent à faire douter de l'immortalité de l'ame, lorsque son intention manifeste est de prouver le contraire. Telles sont celles de MM. Cousin et Jouffroy, qui concluent bien à l'immatérialité de l'ame, mais qui ne peuvent affirmer qu'elle est immortelle. Tout ce qu'ils peuvent dire de plus rassurant à cet égard, c'est que l'âme *peut ne pas périr.* L'opinion de M. Broglie, invoquée aussi par M. Clerc, est plus sceptique encore, puisque ce savant va jusqu'à dire que *la simple psycologie ne saurait encore affirmer que l'âme existe.*

Les spiritualistes taxent de maladroites les citations faites par M. Clerc, parce qu'elles démontrent que les plus célèbres défenseurs du psycologisme moderne doutent de l'immortalité de l'âme, et que, d'après l'état actuel de la science, on ne peut affirmer son existence. Un matérialiste, disent-ils, ferait-il autre chose? Ne se saisirait-il pas avec empressement de cette opinion de philosophes qui sont actuellement les chefs de l'école psycologiste, pour s'en faire une arme puissante? D'ailleurs, où est l'opportunité de ces citations? Si M. Clerc avait lu les chapitres qu'il prétend critiquer, n'aurait-il pas vu que M. Guillaume émet une opinion absolument semblable sur les essences, lorsqu'il dit « qu'il *peut* exister des subs-
« stances *qui n'ont rien de commun avec les corps*
« *sensibles.* (Nous ne devons point nier les possi-
« bilités lorsqu'elles n'ont d'autres preuves contre
« elles que les limites assignées à nos sens). Mais que
« s'il en est, les psycologistes ne les connaissent
« pas plus que nous, et la raison leur enseigne de
« garder le silence à leur égard plutôt que de leur
« faire jouer un rôle fantastique. (1) » Est-ce ainsi que

---

(1) Physiologie des Sensations, tome I, page 43.

M. Clerc fait la critique d'une œuvre matérialiste ?
Ne peut-on pas croire plutôt qu'il a pris à tâche de
prouver la faiblesse du spiritualisme ?

Après ces citations malencontreuses, continuent
ces spiritualistes, M. Clerc cherche bien, il est vrai,
à racheter sa faute, en rappelant qu'on a fait publier,
après la mort de M. de Jouffroy, un très beau dis-
cours dans lequel ce philosophe reconnaît l'immortalité de l'ame. Voilà qui est très bien, assurément ;
mais notre confrère, ajoutent-ils, n'a-t-il pas la ma-
ladresse de signaler en même temps M. Jouffroy
comme un homme sans conviction et sans fixité
dans les idées, lorsqu'après avoir dit, sans nécessité, que ce philosophe a professé pendant toute sa
vie une opinion sceptique sur l'immortalité de l'ame,
il vient lui reprocher ensuite d'être tombé plus tard
dans une exagération spiritualiste, en avançant que
le principe de la vie des organes est d'une autre nature chez l'homme que dans les animaux ? Quelle
confiance, diront les matérialistes, peut inspirer
un philosophe qui a adopté tour à tour les opinions
les plus divergentes ?

D'ailleurs, l'opinion qui suppose une différence
de nature entre le principe de la vie des organes de
l'homme et celui qui agit sur ceux des animaux, est
hétérodoxe loin d'être ultrà-spiritualiste, comme le
pense M. Clerc. Si, en effet, on adoptait que le principe vital diffère chez l'homme et l'animal, on avan-
cerait par le fait que les fonctions qu'on attribue à ce
principe sont essentiellement dissemblables chez ces

deux êtres, puisque les différences que nous établissons entre les principes ne reposent que sur celles des phénomènes qu'on leur rapporte. Or, dire que les fonctions organiques de l'homme et celles de l'animal n'offrent aucune identité, aucune analogie, serait un paradoxe insoutenable, que ne peut adopter le psychologisme, parce que la physiologie s'en ferait une arme puissante contre lui. Cette opinion de M. Jouffroy, qui, au reste, a été émise bien avant lui, est en outre matérialiste; car il est par trop évident que le principe qui anime les organes est subordonné à leurs conditions moléculaires.

Au contraire, les différences notables que l'on remarque entre les fonctions intellectuelles de l'homme et celles des animaux, nous autorisent à admettre que le principe de cet ordre de phénomènes n'est point de même nature chez l'un que chez les autres; ensuite pour dérouter la physiologie, nous avons soin de poser la question où elle ne doit point l'être. La psychologie porte la discussion sur la nature imaginaire d'un principe au lieu de la fixer, comme la physiologie sur les faits sensibles qu'on lui attribue, et par lesquels seuls (soit dit entre nous), on peut réellement juger si les différences qu'offrent ces faits sont suffisantes pour admettre une dissemblance de nature dans leur cause plutôt qu'une simple différence de développement, différence qui, suivant les physiologistes, ne tient qu'à une organisation spéciale et à un ordre de fonctions propres à l'homme et dont l'animal est privé. Telle est la tactique par laquelle le spiritualisme lutte contre la physiologie ; aussi rejetons-nous avec soin l'observation et l'analyse des phénomènes perceptibles comme moyen de déterminer la nature de notre principe, ainsi que la chose a lieu dans toutes les autres sciences. Selon nous, le principe intellectuel doit expliquer les phénomènes sensibles qu'on lui rapporte, mais l'étude de ces phénomènes ne doit point servir à déterminer si ce principe diffère de tous les autres ; puis attribuant une origine et une nature fantastique à cette cause, nous établissons une théorie au moyen de quelques abstractions, et nous donnons pour toute démonstration de sa vérité les opinions des philosophes qui ont défendu antérieurement notre opinion. Or, comme on ne peut discuter sur les essences, et que nous rejetons le seul raisonnement possible et concluant, celui qui est basé sur les faits perceptibles, les physiologistes ne peuvent nous convaincre. Pour ne pas nous compromettre dans la discussion, nous avons soin aussi de n'employer que ce langage vague, qui, se composant entièrement d'abstractions, ne précise rien, et qui, par cela même qu'il s'applique à trop de choses, est sans signification particulière et ne donne qu'une idée obscure, indéterminée des choses. Lorsqu'on tient à maintenir une question indécise, on doit toujours en parler en termes abstraits et éviter soigneusement sa solution par l'analyse des faits particuliers. Enfin lorsque nous ne pouvons répondre aux arguments des physiologistes, et qu'ils nous font un reproche de notre impuissance, nous nous tirons d'affaires aux yeux des ignorants en traitant nos adversaires de *matérialistes*, d'*impies*, d'*athés*. Ces mots produisent un effet magique sur les plus timides et les plus intéressés d'entre eux ; presque tous reculent devant ces apostrophes qui les mettent à l'*index* et appellent sur eux la haine de toute une secte.

Si nous entrons dans ces détails, disent les psycologistes, c'est pour conseiller à M. Clerc d'apprendre un peu notre doctrine avant de s'en faire le champion ; car s'il la connaissait tant soit peu, il ne signalerait pas une hérésie comme un rafinement de spiritualisme. Il saurait pourquoi nous devons toujours admettre les deux principes de la philosophie païenne, c'est-à-dire l'ame *intellectuelle* et l'ame *animale*, que nous désignons maintenant par les mots *je* et *moi ;* il n'ignorerait pas que l'intérêt du spiritualisme exige que l'on reconnaisse que l'ame végétative est de même nature chez l'homme que chez les animaux. Si M. Clerc était aussi initié aux principes les plus élémentaires de la philosophie de MM. Cousin et Jouffroy, il s'expliquerait aussi leurs réticences lorsqu'ils ont à se prononcer sur l'immortalité de l'ame. Pour eux l'ame n'est qu'une force : or si l'ame n'est qu'une force, et si une force n'existe pour nous qn'à titre d'être de raison, on conçoit pourquoi ces Messieurs ne peuvent déclarer qu'ils connaissent la nature d'un être fictif, et qu'il leur est même impossible d'affirmer qu'il a une existence démontrée. Aussi M. le duc de Broglie dit-il avec raison, en parlant de l'existence de l'ame, « *que* « *la simple psychologie ne saurait encore que dire* « *à cet égard.* »

Comme vous le voyez, Messieurs, les spiritualistes sont peu indulgents envers M. Clerc; ils se chargent eux-mêmes de ma propre défense.

A quoi bon aussi, continuent-ils, citer l'opinion d'un païen pour prouver la spiritualité de l'ame? M. Clerc ignore-t-il que Cicéron, comme tous les philosophes qui l'ont précédé, n'avait qu'une idée grossière de la spiritualité; que la découverte de *l'immatérialité* est de date plus moderne. S'il avait lu l'histoire de la philosophie, il y aurait vu que *l'incorporéité* ne consistait pour les anciens philosophes que dans une matière plus subtile que celle des corps sensibles ; de là vient qu'ils considéraient l'ame comme une *exhalaison* (1), un *détachement de l'air,* un *souffle* (2), un *composé d'air subtil et de feu* (3), etc. : ainsi les mânes, les ombres qui étaient pour les Grecs et les Romains les ames séparées des corps, ne différaient de ceux-ci qu'en ce qu'elles étaient d'une matière assez subtile pour se dérober à l'attouchement, mais elles conservaient les formes des corps qu'elles avaient animés sur la terre. N'est-ce pas à cette forme supposée des ames qu'Enée, selon Virgile, reconnut Anchise, Didon et Palinure dans les enfers? Les purs esprits qui, selon les psycologistes, ont tant d'antipathie pour la matière, ne

_____

(1) Héraclite. (2) Pythagore. (3) Anaxagore et Boëce.

sont-ils pas obligés, encore de nos jours, d'emprun-
ter ses attributs représentatifs, c'est-à-dire ses formes
et ses couleurs, lorsqu'ils veulent se manifester aux
visionnaires ? Malgré leur dédain pour le monde physique, ne sont-ils pas alors obligés de se matérialiser,
parce qu'ils savent apparemment que les sensations
figuratives constituant les idées, sont les vrais éléments de nos connaissances ?

Comme Virgile, Cicéron n'a professé aucune idée
originale sur la nature de l'ame ; il a adopté à cet
égard la doctrine des philosophes grecs, ainsi que le
démontre suffisamment ce mot de *souffle* qu'il emploie pour désigner le principe animateur. D'ailleurs
la déclaration suivante qu'il fait, ne laisse aucun
doute à cet égard : « *A naturâ Deorum*, dit-il, *ut*
« *doctissimis, sapientissimisque placuit, haustos*
« *animos et libatos habemus.* » Voilà un *ut placuit*
qui sent bien l'hypothèse, et contre lequel doit pro-
tester tout spiritualiste. Nous ne savons pas, en vérité, où M. Clerc va chercher ses preuves de l'immatérialité de l'ame.

Les premiers Pères de l'Eglise ont eux-mêmes
partagé l'idée des philosophes grecs sur la matérialité de l'ame. St. Irénée ne dit-il pas que l'ame n'est
qu'un *souffle*, qu'elle n'est incorporelle qu'en comparaison des corps grossiers, et qu'elle ressemble aux
corps qu'elle a habités ? Tertullien ne fait-il pas aussi
l'ame corporelle ? « *Definimus*, dit-il, *animam Dei
statu natam immortalem*, CORPORALEM, *effigiatam.* »

Je dois aussi, MESSIEURS, non pas vous apprendre,

mais vous rappeler que M. Clerc fait un anachro-
nisme, lorsqu'il invoque en faveur de la vérité du
spiritualisme la longue possession où en est le genre
humain. Cette doctrine est de beaucoup postérieure
à sa rivale ; elle ne date, en effet, que de Thalès,
qui le premier a défini l'ame « *une nature se mouvant*
« *toujours en soi*, » et qui, par conséquent, est le
premier philosophe qui ait attribué à cette substance
une activité intrinsèque. Pythagore, puis Platon,
n'ont fait que modifier cette idée capitale (1) et la
développer de manière à en composer un corps de
doctrine. Jusqu'à ces philosophes, c'est l'opinion contraire qui a régné en souveraine et sans partage, et
depuis elle a toujours eu pour ses défenseurs les plus
illustres des hommes qui, par leur genre d'études
et leur profession, sont le mieux à même d'observer
la nature de l'homme.

D'ailleurs la longue existence d'une doctrine est
loin de prouver en sa faveur lorsqu'elle n'a pas d'autre moyen de démonstration. En effet, une opinion
qui ne repose que sur des inductions hypothétiques
ne peut jamais être élevée au rang de vérité, puisque
tôt ou tard l'expérience peut démontrer qu'elle est
erronnée. C'est ainsi que jusqu'à Galilée la croyance
générale, qui s'autorisait de l'opinion des hommes
les plus savants de l'époque et du témoignage des

(1) Pythagore définit l'ame « *un nombre se mouvant en soi*. »
Platon dit qu'elle « est une substance spirituelle *se mouvant soi-*
« *même*, et par un nombre harmonique. »

livres saints, était que le soleil tournait et que la
terre était placée au centre du monde, et immobile.
Cependant cette croyance qui datait d'une longue
suite de siècles a disparu ; il en est de même de
toutes les opinions qui ne sont basées que sur des
idées préconçues, et dont une observation et une
étude approfondies n'ont point encore confirmé
l'exactitude.

La véritable cause de la vie du psycologisme
consisterait, selon certains philosophes, dans l'appui qu'il prête à des intérêts purement matériels
devant lesquels se prosterne la spiritualité, qui se
reconnaît ainsi vassale de la matière. Aussi la haine
implacable que portent ceux à qui profite cette doctrine, aux personnes qui la combattent, ne peut-elle
s'expliquer que par ce sentiment grossier et mépri-
sable de l'égoïsme ; car l'amour du vrai étant désin-
téressé, il n'inspire qu'un noble et entier dévoue-
ment à la science : loin d'être intolérant, il encourage
les tentatives qui ont pour but d'ouvrir de nouvelles
voies aux connaissances humaines, et rejette avec
mépris ce honteux calcul qui cherche à susciter de
basses passions contre ces hommes laborieux qui dé-
vouent leur existence à une étude consciencieuse et
désintéressée. Parmi les défenseurs de toutes les
doctrines, il y a des hommes qui se croient dans le
vrai ; l'attachement à leurs opinions, lors même
qu'il irait jusqu'au fanatisme, est toujours respec-
table, parce que partout et toujours nous devons
respect à ce noble amour de la vérité : source sacrée

de la science, sentiment que Dieu a gravé dans le
cœur de tout homme, et qu'il a fait indestructible
parce qu'il se confond avec celui de sa propre divinité ; car Dieu n'est que la vérité elle-même, et quiconque est ennemi de la vérité est ennemi de Dieu.
De là vient que toute science qui n'est pas l'expression de la vérité est destinée à périr, parce que la
vérité seule est immortelle et triomphe de tous les
obstacles. La vérité est en tout et partout ; elle est
dans la matière comme dans ce que nous ne connaissons pas et qui peut ne pas être matière ; nous devons respecter la volonté de Dieu qui n'a daigné se
révéler à nous que par ses lois physiques, qui sont
divines comme tout ce qui émane de lui, et pour
lesquelles cependant ces prétendus défenseurs de la
Divinité professent le plus profond mépris. De quelle
nature est donc la religion de ces hommes qui se
disant seuls religieux, veulent empêcher la lumière
de la vérité, et qui ont établi cet axiôme menteur :
« *Toute vérité n'est pas bonne à connaître ?* »
Qu'ils cessent donc de calomnier ceux qui recher-
chent ce qui est avec ardeur, et de taxer d'impies,
d'athées, des tentatives scientifiques par cela seul
qu'elles tendent à des conclusions contraires à leurs
paradoxes ! Ce sont eux qui insultent à la Divinité
lorsqu'ils proclament la sacrilège prétention de prendre Dieu sous leur protection, lorsqu'ils refusent de
reconnaître la vérité là où Dieu nous la manifeste,
sous le prétexte menteur de l'avoir découverte là où
il veut nous la cacher, et qu'il y a incompatibilité

entre les divers objets de la création ; lorsqu'enfin ils font servir le respect dû à la Divinité à des intérêts purement matériels. La violence et la ténacité qu'ils apportent à la défense de leur doctrine n'a donc point pour mobile réel la gloire de Dieu et le bien de l'humanité, parce que Dieu et l'humanité condamnent également la fureur de ces énergumènes, qui n'auraient pas honte d'appeler au secours de l'insuffisance de leur logique la crainte d'une pénalité rigoureuse. Comme ils ne peuvent convaincre par les seuls moyens que leur prête la science, ils sentent le besoin impérieux qu'ils ont de la force brutale pour imposer silence à leurs adversaires ; aussi accusent-ils sans cesse la tolérance de nos lois, qui, après tant de luttes sanglantes, ont enfin consacré parmi nous le principe bienfaisant de la liberté de conscience et d'examen. D'ailleurs les hommes qui se passionnent pour une aussi noble cause que celle de Dieu et de l'humanité, sont malheureusement trop rares, et il répugne à l'élévation, à la pureté de leurs sentiments, d'employer contre une personne d'opinion dissidente des moyens que condamnent la charité et la tolérance, et qui ne peuvent être inspirés que par la sordide passion des intérêts mondains.

La vie du spiritualisme a donc une toute autre cause que celle que lui suppose M. Clerc. Cette doctrine vit 1° parce que le budget lui fournit des défenseurs officiels chargés expressément de l'enseigner, et auxquels il n'est pas permis, sous peine de desti-

2

tution, de formuler la moindre opinion qui lui serait contraire ; 2° parce que cette doctrine est l'objet d'un commerce sûr et lucratif, en ce que ceux
qui l'exploitent ne donnent que des espérances très
éloignées et de vaines paroles pour des honneurs,
des richesses et de la considération ; aussi le zèle
et l'acharnement avec lesquels ils défendent leurs
paradoxes sont-ils en raison de ce qu'ils leur rapportent.

Après s'être montré si fort au-dessous de son sujet
sous le double rapport de la science et de la logique,
il serait à désirer que les réflexions que M. Clerc
hasarde comme moyen de transition fussent un peu
plus judicieuses. Ainsi, Messieurs, vous le voyez
arrivé au tiers de sa critique sans qu'il vous ait encore parlé directement de son sujet ; il se trouve encore à la première ligne de la préface de mon livre;
chacun est disposé à lui crier :.... *Arrivez donc au
fait !* Eh bien ! M. Clerc juge tout autrement sa manière de procéder ; il estime, lui, au contraire, qu'il
va trop vîte en besogne. Voilà une opinion assez
singulière !

L'instruction philosophique de M. Clerc ne lui a
pas permis de vous apprendre grand'chose sur le
fond de mon livre, mais en compensation il vous a
donné des détails très circonstanciés sur sa *forme.*
Ne pouvant vous démontrer que le Moi diffère essentiellement de la sensation, il a eu assez de sagacité
pour vous dire où mon livre a été écrit, quelle est la
longueur de sa préface et de deux de ses chapitres,

le nom de la personne pour laquelle ils ont été
écrits, etc., etc. Il est permis d'ignorer les conclusions scientifiques que M. Clerc a voulu tirer
de ces circonstances ; il n'a pas daigné vous en instruire.

Je viens de vous faire voir, MESSIEURS, que la
critique de M. Clerc a été jusqu'ici très innocente
quant au fond et quant à la forme ; il est infiniment
regrettable qu'il n'ait pas continué sur le même ton,
et qu'outre son insuffisance on ait encore à lui reprocher d'avoir compromis aux yeux du public son rôle
de critique par un langage que condamnent également la justice, la modération et les convenances,
choses répréhensibles, surtout chez une personne de
son âge, de son caractère et de sa position.

Toutes les personnes désintéressées dans cette question, qui ont lu la critique de M. Clerc, l'ont hau-
tement blâmé d'avoir *supposé* que je n'avais pas le
droit d'enseigner ma doctrine au jeune philosophe
pour lequel je l'ai écrite, lorsqu'au contraire ce
jeune homme et toute sa famille m'ont prié de le
faire. Ces personnes ont vu, dans cette *supposition
gratuite*, une occasion de moraliser que M. Clerc a
voulu faire naître, afin de pouvoir m'injurier indirectement en m'attribuant un rôle qui n'a jamais été
le mien. Quant à moi, MESSIEURS, je suis moins sé-
vère envers M. Clerc ; je ne vois dans sa conduite
qu'une faiblesse de l'humanité. Ne pouvant parler
pertinemment de philosophie et de physiologie,
n'a-t-il pas plutôt cédé à la vanité de vous faire voir

qu'il possédait encore dans toute sa puissance son talent pour le réquisitoire? (1)

On a trouvé surtout très illogique de sa part qu'à la suite de pareilles incartades dans une séance académique, il me fasse un reproche, qu'après avoir démontré que la théorie de Reid et Jouffroy sur le phénomène de la perception est inintelligible et remplie de contradictions manifestes (M. Clerc s'est bien gardé de prouver le contraire), j'ai dit, en forme de conclusion, que ces philosophes n'avaient fait à cet égard que du double galimathias, expression consacrée par Boileau.

Que M. Guillaume, dit-on, qui se qualifie de vigneron inculte, qui, par conséquent, est sensé désigner un peu les choses par leur nom, se permette de dire, dans une lettre écrite à un jeune homme avec lequel il est sans gêne, que les Platons de notre époque se sont montrés inintelligibles dans une question, qu'ils n'ont fait que du double galimathias, voilà un style qui n'a rien de déplacé dans le genre épistolaire, et auquel une personne qui juge les choses par le fond et non par la forme, comme M. Clerc, ne fera aucune attention, parce que la réflexion de M. Guillaume n'est point une injure; car on peut fort bien dire d'un individu, sans blesser les convenances, surtout dans une lettre, qu'il est inintelligible à lui-même, qu'il fait du double galimathias.

(1) Il faut savoir que M. Clerc a été avocat-général.

Mais qu'un Académicien, qu'un ancien avocat-
général, qu'un octogénaire, qui doit avoir le calme
et la prudence de son âge, qui est entouré de l'estime et de la considération publiques, qui ne peut
déguiser ses qualités et sa position sociale sous une
dénomination fictive, vienne, dans une séance académique, qualifier indirectement d'*intrus* qui joue
un rôle odieux, *que le devoir d'un père serait de
livrer au bras de la justice pour corruption envers
la jeunesse,* qu'il appelle *tête sans philosophie,
sans réflexion, etc.*, un auteur dont l'œuvre a mé-
rité les suffrages de plusieurs Académies de France,
et qui a des titres égaux à ceux que M. Clerc peut
avoir à l'estime de ses concitoyens ; voilà une excen-
tricité de langage bien autrement remarquable que
celle de M. Guillaume. C'est son goût bien pro-
noncé pour les conséquences logiques, qui inspire
au public ce parallèle animé de mon langage avec
celui de M. Clerc. Quoique dépourvu, selon M. Clerc,
d'une tête philosophique, je vois cependant les
choses avec plus de calme que mes défenseurs, et je
cherche à m'expliquer les incartades de mon critique. Après avoir consulté les bons philosophes qui
ont su remonter avec sagacité à l'origine des choses,
je vois que tous sont d'accord à reconnaître qu'un
langage passionné et injurieux a généralement pour
cause, soit l'exaltation inspirée par le fanatisme aveu-
gle d'une opinion, soit, ce qui arrive surtout chez
les savants, l'impuissance de pouvoir triompher de
ses adversaires par de bonnes raisons ; car la force,

disent ces philosophes, est modérée dans son action lorsqu'elle peut vaincre facilement l'obstacle qu'on lui oppose. Quant à l'accusation de professer une doctrine corruptrice de la jeunesse, je ne saurais la prendre au sérieux, attendu que M. Clerc a eu soin de vous avertir, Messieurs, qu'il *préjugeait* les questions, et qu'il vous a fait voir qu'il ne s'était point imposé la tâche de prouver ses propositions. Ne m'est-il pas permis aussi de dire que M. Clerc ne professe que des doctrines corruptrices de l'humanité, vu que tout ce qui est contraire à la vérité déprave les sentiments de l'homme, en lui donnant une fausse idée des choses. Au reste, ces accusations banales n'ont-elles pas été reproduites dans tous les siècles par des sectaires exaltés contre les hommes les plus dignes de nos respects? Le monothéisme professé par Socrate, le plus sage des hommes, ne lui mérita-t-il pas aussi les accusations d'*impie*, de *corrupteur de la jeunesse?* Les Anyte et les Mélite n'ont-ils jamais manqué?

Pourquoi m'offenserais-je aussi d'être appelé tête sans philosophie par M. Clerc? Des moines dont la science en physique était ce qu'est celle de M. Clerc en philosophie et en physiologie, n'ont-ils pas aussi déclaré dans un acte authentique que Galilée était un *mauvais philosophe* et un *hérétique?* n'ont-ils pas taxé ses propositions de *fausses* et d'*absurdes*, lorsqu'il démontra la mobilité de la terre et la fixité du soleil (1)? Mais Socrate et Galilée ont eu plus

(1) Voici un passage du décret que l'inquisition a rendu contre Galilée, décret qui a été signé par sept Cardinaux : « Dire que le soleil

de mérite que moi à soutenir leurs opinions, qui attaquaient les idées reçues par les savants de leur époque (savants, qui, à ce qu'il paraît, préjugeaient les questions, comme M. Clerc, au lieu de les discuter). L'intolérance de leur siècle infligea à ces philosophes des peines sévères, la prison et la mort : moi, j'en suis quitte pour lire la critique de M. Clerc, et rire de ses excentricités académiques.

C'est trop vous entretenir, Messieurs, d'un sujet étranger à la science et qui n'aurait point fixé mon attention, si votre collègue ne lui eût donné plus de place dans sa critique qu'aux questions qu'il avait à traiter.

M'étant proposé de déterminer que toutes les fonctions animales, sans exception, ne sont que des moyens de l'organisation, pouvais-je appuyer mon opinion de trop de faits particuliers ? N'entrait-il pas dans mon plan de rassembler le plus grand nombre possible de phénomènes, puis de signaler le rôle attribué à chacun d'eux dans cette opération complexe? N'est-ce pas par cette appréciation analytique des phénomènes isolés, qu'on procède maintenant dans les sciences pour remonter des effets aux causes, des conséquences aux principes?

L'inconcevable ignorance de M. Clerc peut seule expliquer la témérité de son jugement, lorsqu'il me

_____

« est au centre et absolument immobile et sans mouvement local, est
« une proposition *absurde et fausse* en *bonne* philosophie, et même *hé-*
« *rétique*, en tant qu'elle est expressément contraire à la sainte écri-
« ture, etc. »

fait un reproche d'avoir suivi, pour établir mes propositions, la méthode reconnue la meilleure par les physiciens, l'orsqu'on tient à arriver à des conclusions rigoureuses. Que lui, qui s'amuse encore à rêver sur la nature des esprits, attribue cette manière de procéder à mon peu de philosophie, ce jugement ne doit point étonner de sa part ; on conçoit aussi que son incompétence à philosopher avec les faits nombreux de physiologie et de médecine que je fais valoir, s'accommode beaucoup mieux d'une simple allégation hasardée que d'une discussion scientifique. Otez à M. Clerc les quelques abstractions qui constituent les seuls éléments de la psycologie, que lui reste-t-il ?

Observez, MESSIEURS, que votre collègue en est encore à ma courte préface. Après vous avoir parlé de sa forme et de son style, il vous a averti qu'il arrivait enfin *au fond des choses;* mais vous avez vu qu'il n'a pu pénétrer bien avant. Il vous a cité les propositions fondamentales que contient cette préface *aux pages 7 et 8*, comme il le dit fort élégamment; puis *il affirme* que ces propositions sont inexactes, et voici comment il prouve ce défaut d'exactitude.

1° « *A entendre M. Guillaume*, vous a dit « M. Clerc, *les sensations sont de simples stimu-* « *lations organiques.* » C'est une proposition, MESSIEURS, que je tiens encore pour vraie, parce que je crois l'avoir prouvée, jusqu'à ce que votre collègue, qui la trouve inexacte, ait démontré le contraire ; car, je suis autorisé à croire que la réflexion

dont il fait suivre l'énoncé de ma proposition n'a
point dû vous satisfaire, lorsqu'il s'est contenté de
vous dire, pour prouver que la sensation n'est point
une simple excitation de l'encéphale... « *Ce qui est*
« *la pierre de touche du matérialisme.* » Nous pouvons donc conclure premièrement que M. Clerc n'a
point démontré dans sa critique *que les sensations ne*
sont point de simples stimulations organiques.

· 2º « *L'Auteur* (M. Guillaume), continue M. Clerc,
« *fait agir le cerveau sur les viscères* (1) *thora-*
« *ciques et abdominaux.* » Vous avez dû trouver
assez singulier ce *fait agir* de votre collègue; il
donne à entendre que, dans ce cas, j'ai émis une
hypothèse, comme il a l'habitude de le faire souvent. Si M. Clerc connaissait les moindres éléments
de physiologie, ou s'il avait daigné lire mon livre avant d'en entreprendre la critique, il saurait
que l'action du cerveau sur les principaux viscères
a été démontrée jusqu'à l'évidence par les expériences de nos plus habiles physiologistes, c'est-à-
dire des Bichat, des Magendie, des Dupuytren,
des Legallois, etc. Le doute ou la négation de ces
faits ne sont point permis. En s'exprimant comme
l'a fait M. Clerc en cette circonstance, c'est absolument comme s'il avait eu l'ingénuité de dire: « un tel
» chimiste *fait décomposer* les carbonates par l'a-
« cide sulfurique, et dit qu'il en résulte des sulfates. »
Pour nier ou mettre en doute des faits démontrés,

_____

(1) M. Clerc a laissé imprimer *vaisssaux* pour viscères.

il faut avoir à leur opposer d'autres faits contradictoires ou qui paraissent tels. Mais ce n'est point
avec de telles armes que combat M. Clerc ; il croit
arriver à ce résultat, non pas en me mettant en opposition avec nos plus célèbres physiologistes, mais
au contraire en faisant ressortir la conformité de ma
doctrine avec la leur. Voici comment il vous a démontré que le cerveau n'a point d'action sur les viscères. « *Vous reconnaissez là*, vous a-t-il dit, *Ca-*
« *banis et son abdomen ; et si nous ne nous trom-*
« *pons, le matérialisme de Cabanis est fondu avec*
« *celui de Broussais par M. Guillaume, qui les sur-*
« *passe l'un et l'autre.* » Cette réflexion suffit à
M. Clerc pour infirmer les expériences des Magendie,
des Wilson-Philipp, des Bichat, etc.!!! Votre collègue ne vous a donc point démontré que le cerveau
est sans action sur les viscères thoraciques et abdominaux.

En disant que je surpasse Cabanis et Broussais en
matérialisme, M. Clerc vous a fait, sans s'en douter,
l'éloge de mon livre, parce que cette réflexion a
dû vous donner à penser que j'avais su ajouter à la
pensée de ces physiologistes. Si le jugement d'un pareil critique pouvait être pris en considération dans
des questions de ce genre, il ferait honneur à mon
talent ; mais M. Clerc a oublié (oubli qui, du reste,
n'a pas dû vous étonner, puis qu'il est habituel chez
lui), de motiver son jugement. Il entrait cependant
dans ses attributions de critique de vous signaler les
points capitaux de ma doctrine, qui rendent mon

matérialisme si supérieur à celui de Broussais et de Cabanis. Or, pourquoi cette lacune dans la critique de M. Clerc? Ne vient-elle pas, MESSIEURS, de ce que votre collègue n'a pas lu assez attentivement les œuvres des physiologistes dont il parle, et ensuite mon livre, pour pouvoir signaler les similitudes et les différences que présentent des théories basées sur les mêmes éléments?

Cabanis et Broussais ont démontré avec un grand talent la dépendance où sont les fonctions de l'ordre moral des différents états qu'offre la vitalité des organes; ils ont signalé aussi avec beaucoup de précision les rapports étroits qui lient deux ordres de phénomènes que l'on cherche en vain à séparer. Mais ils n'ont point fait la physiologie de la vie intellectuelle; leur doctrine sur cette question offre tout le vague que l'on trouve dans celle des psycologistes. Peut-il en être autrement, puisqu'ils se sont servis des mêmes éléments pour la solution du problème? En admettant l'axiôme qui renferme tout le psycologisme: « *je sens que je sens; je me sens être de telle façon,* » ne reconnaissent-ils pas par le fait l'existence de deux principes pour diriger les fonctions de l'ordre moral? Or, s'il y a en nous deux causes d'actions, chacune doit avoir ses attributions particulières; dès-lors on ne peut rapporter tous les phénomènes célébraux à une seule, et laisser l'autre sans fonctions spéciales. Le système de l'irritation pèche évidemment sous ce rapport; en laissant subsister les deux entités psycologiques, Broussais n'a pas le droit

de conclure au rapport de toutes les fonctions de
l'encéphale à la simple excitation de cet organe.

Pour rendre compte des faits de la connaissance,
de la distinction, Broussais et Cabanis ont-ils d'autres moyens que les facultés dites intellectuelles des
psycologistes? Ont-ils déterminé mieux que les psycologistes en quoi consistent les idées? Ont-ils démontré qu'elles sont formées par un ordre de sensations ayant tels ou tels caractères qui les distinguent essentiellement des autres modes de sentir?
Ont-ils signalé les attributions des idées et de toutes
les autres perceptions dans la vie générale? L'ins-
tinct, la raison ne sont-ils pas aussi pour eux des
entités? Ils n'ont point fait voir que ces mots ne sont
que des expressions génériques qui désignent deux
ensemble de phénomènes distincts ; on ne voit point
non plus qu'ils aient signalé les rapports étroits qui
existent entre les modes d'être du monde extérieur
et ceux de la sensibilité, rapports qui sont les vrais
mobiles de la vie de relations. Ont-ils démontré également que tous les phénomènes de l'ordre moral
ne sont qu'un moyen de l'organisation, dans ce sens
qu'ils sont indispensables à la vie des animaux supé-
rieurs, etc., etc.?

Ceux qui ont lu mon livre, ainsi que les œuvres
de Broussais et de Cabanis, s'étonneront d'entendre
dire que ma physiologie n'est qu'une fusion de la
doctrine de l'un de ces deux physiologistes avec celle
de l'autre ; mais leur étonnement aura cessé du moment où ils sauront que c'est M. Clerc qui a porté ce
jugement.

Restreindre le nombre des principes dans l'explication d'un ordre de phénomènes, c'est en simplifier l'étude. Or, si je parviens à ce résultat par rapport à ceux qui constituent l'ordre moral, j'aurai atteint un but utile à la science. Mais je conçois que les psycologistes m'en sauront mauvais gré, parce que leur enlever la plûpart des abstractions qui sont les seuls éléments de leur doctrine, c'est les désarmer. De là vient qu'ils doivent me préférer Cabanis et Broussais, qui ne les ont point inquiétés sous ce rapport.

3° J'ai énoncé, MESSIEURS, que les poumons, le cœur, l'estomac, etc., agissent aussi directement sur le cerveau ; puis j'ai cité, à l'appui de cette proposition, non seulement les faits de simple observation, mais encore toute la série d'expériences faites par nos plus habiles physiologistes, et qui prouvent jusqu'à l'évidence l'empire que les viscères thoraciques et abdominaux exercent sur l'encéphale. Pour être autorisé à taxer, avec autant d'assurance que le fait M. Clerc, cette proposition d'inexacte, il n'y avait qu'un moyen : c'était de discuter préalablement les faits sur lesquels repose cette proposition et de démontrer qu'ils sont faux. Vous auriez été très curieux, MESSIEURS, et moi aussi, de voir M. Clerc contester à Bichat son habilité dans les expériences physiologiques, et lui dénier le génie de tirer des conclusions rigoureuses. Mais, MESSIEURS, votre collègue n'a pas daigné vous faire part de ses vastes connaissances en anatomie et en physiologie : il pa-

raît qu'il trouve trop longue et trop fastidieuse la
méthode critique, qui consiste à discuter un ensemble de faits, puis les conséquences qu'on en a
tirées, pour arriver ensuite à des conclusions conformes ou bien opposées à celles de l'auteur.

Voici comment M. Clerc vous a prouvé que les
principaux viscères sont sans action sur le cerveau :
« le thorax et l'abdomen réagissent à leur tour (tou-
« jours selon M. Guillaume) sur le cerveau qui
« vient d'influer sur eux; c'est par cette action et
« cette réaction que le docteur renversera la spiri-
« tualité, qui, comme nous l'avons prémis, a la
« possession des siècles en sa faveur. »

Il faut convenir, MESSIEURS, que vous n'avez pas
dû tirer vanité du savoir et de la logique dont votre
collègue a fait preuve dans ce passage de sa critique.
Je vous ai déjà fait voir que l'existence d'une erreur,
pendant une longue suite de siècles, est un fait très
ordinaire, surtout lorsqu'elle est soutenue par des
hommes influents, qui sont intéressés à son maintien.

Les actions et les réactions des viscères les uns
sur les autres, et dans lesquelles les faits de l'ordre
moral trouvent leur explication, sont démontrées
jusqu'à l'évidence par les belles expériences de nos
plus célèbres physiologistes. Ces phénomènes ont
donc en leur faveur tout le prestige des faits positifs. Jusqu'à ce jour, au contraire, non seulement
on n'a pu démontrer, mais même désigner les qualités qui constituent la spiritualité, mot qui est sensé
exprimer la nature de l'ame. Ainsi on ne peut dé-

finir cette nature autrement que par une négation, c'est-à-dire en affirmant que les attributs qui la constituent ne ressemblent point à ceux de la matière; mais on ne peut dire quels sont ces attributs. Dans ce cas, le raisonnement des psycologistes est semblable à celui d'une personne à qui l'on demanderait d'énumérer les caractères distinctifs d'un être quelconque, d'un cheval, par exemple, et qui se contenterait de dire : le cheval est un être qui n'est point un coq. Mais lui serait-il aussitôt objecté, vous ne répondez pas à notre question : nous savons fort bien qu'un cheval n'est point un coq ; on vous demande de nous signaler quels sont les caractères auxquels on reconnaît un cheval, et non point de nous désigner les êtres qui ne ressemblent point à ce quadrupède. De même pour nous apprendre les attributs de la spiritualité, il ne suffit pas de dire qu'ils diffèrent essentiellement de ceux de la matérialité, il faut en outre déterminer quels sont les caractères qui la distinguent personnellement. Or, c'est ce que n'ont pu faire jusqu'à présent les psycologistes.

La spiritualité de M. Clerc n'est donc qu'une pure hypothèse, que ses auteurs ne peuvent pas même formuler de manière à en donner une idée claire ; tandis que la dépendance où sont les fonctions du cerveau de celles des principaux viscères thoraciques et abdominaux, est à un degré de démonstration qui ne laisse rien à désirer.

4° Il m'est infiniment pénible, Messieurs, d'avoir toujours à vous entretenir de l'inexactitude des idées de M. Clerc, inexactitude qui paraît provenir de ce qu'il n'a pas assez étudié les questions qu'il a eu la témérité de traiter. Ainsi lorsqu'il vous a dit que le *moral* et le *physique* sont *deux êtres*, vous avez dû être persuadés qu'il ignore encore ce que c'est qu'une abstraction métaphysique.

Ensuite, dois-je une réponse sérieuse à un savant qui a la prétention de juger une œuvre de physiologie, et qui ignore jusqu'aux divisions générales des matières qui composent cette science? Votre collègue vous a dit que les mots *vie de rapports* sont inintelligibles, et qu'ils n'expriment pour moi (1) *qu'une idée creuse*, attendu, dit-il, que pour un physiologiste il n'y a pas deux sortes de vie, qu'il n'y a qu'une vie organique. Je vous demande pardon, Messieurs, de vous parler d'une simple division adoptée dans la physiologie, et d'être obligé d'apprendre à M. Clerc que, dans toutes les sciences, pour faciliter l'étude des phénomènes qui en sont l'objet, on divise et on subdivise même ces phénomènes en genres et en espèces, c'est-à-dire en diverses catégories qui sont basées sur des similitudes et des différences communes. C'est ainsi que tous les phénomènes qui concourent à la production et au maintien de l'organisation dans les corps auxquels

(1) M. Clerc aurait pu ajouter pour tous les physiologistes: Car cette division des phénomènes, qui composent la vie générale en deux catégories désignées sous les noms de *vie organique* et *vie de rapports*, ne m'est point propre; elle est si naturelle qu'elle est adoptée par tous les physiologistes sans exception.

ce mode d'être est propre , sont tous désignés collectivement par les physiologistes sous le nom générique de *vie*. Mais parmi ces phénomènes, les uns
sont d'une nécessité immédiate , ils produisent directement l'assimilation et la désassimilation ; c'est
pour ce motif qu'on les a appelés phénomènes de *la
vie organique*, et qu'on les désigne collectivement
sous la dénomination de *vie organique* ou *végétative*. On les rencontre chez tous les corps vivants sans
exception ; ils se composent, chez les animaux, de
l'absorption intestinale , de la respiration , de la circulation veineuse et artérielle , des diverses sécré-
tions , de la résorption des liquides interstitiels , etc.
Ils composent les phénomènes qu'à diverses époques
on a cherché à expliquer par les lois de la simple physique ; voilà pourquoi on désigne leur ensemble sous la
dénomination générique de *physique*. Mais ces seuls
phénomènes sont insuffisants pour le maintien de la
vie générale chez les animaux ; il leur faut en outre,
pour se procurer leurs aliments, pour éviter les con-
tacts dangereux, pour satisfaire en un mot tous les be-
soins dont ils ont le sentiment , il leur faut , dis-je ,
un autre ordre de fonctions qui consistent 1° dans la
connaissance des objets du monde extérieur ; 2° dans
les affections sympathiques et antipathiques qu'ils
éprouvent pour ces objets par suite de la connaissance qu'ils ont de leur nature, c'est-à-dire de leurs
modes d'action sur eux ; 3° dans la locomotion ou
faculté de se mouvoir pour changer de place, selon
que leurs sympathies ou leurs antipathies pour les

objets les portent à s'approcher de ces objets, ou, au contraire, à les éviter. Ce second groupe de phénomènes qui ont pour but de régler les relations nécessaires que l'animal doit établir avec le monde extérieur pour la conservation de son organisme, constitue la *vie de rapports* des physiologistes. Lorsqu'on ne parle que du fait composé de la connaissance et des diverses affections qui en sont la conséquence, ainsi que des penchants, on appelle l'ensemble de ces phénomènes *moral.*

En donnant les noms de *vie organique* et de *vie de rapports* aux deux groupes de phénomènes qui composent la vie générale, les physiologistes n'ont fait qu'ajouter une qualification spéciale à la dénomination du genre, comme la chose se pratique dans presque toutes les divisions que l'on établit entre les parties d'un tout (1). Il n'y a donc pour les physiologistes qu'*une vie générale*, et la vie de rapports n'est qu'une partie de cette vie, qui n'a qu'un seul et même principe, appelé *vital.*

Je pense, MESSIEURS, que je viens de vous formuler avec assez de clarté et de précision l'idée que je me forme de la vie de rapports. N'est-ce pas plutôt M. Clerc qui a une idée très *creuse* des notions les plus banales de la physiologie et de l'abstraction?

Barbarus hic ego sum quia non intelligor *illo.*

(1) On peut voir dans mon livre, à l'article *des sentiments abstraits et concrets*, comment les collections qui constituent les êtres sensibles, ainsi que les phénomènes qu'on leur rapporte, se subdivisent en groupes secondaires désignés par les expressions dites abstraites, qui sont un moyen de simplifier le langage.

Avant d'entrer en matière, M. Clerc vous a dé-
cliné le motif qui l'a décidé à ne soumettre à son
investigation que deux premiers chapitres seulement
de ma physiologie (1) ; il vous a dit que c'est parce
qu'ils forment le *résumé de tout mon livre*. Vous avez
dû trouver étrange, d'abord, que j'ai commencé un
livre par le résumé des questions qui doivent y être
développées ; ce serait, en effet, une manière assez
singulière de procéder, et que M. Clerc me prête
bénévolement pour donner un prétexte à son impuissance à attaquer les détails d'une question, détails qui forment ses vrais éléments de solution.

La question purement abstraite du Moi est cer-
tainement moins intéressante que la plûpart des autres qui sont traitées dans mon livre, et il est inexact
de dire qu'elle forme le résumé de ces dernières. Il
est évident, Messieurs, qu'elle ne peut donner la
moindre notion de mes nouveaux aperçus sur les
sensations, sur le rôle attribué à chacune d'elles dans
la vie générale ; elle n'apprend point non plus comment j'ai déterminé que les idées ne sont que les
sensations figuratives, et que ces sensations sont les
seuls éléments de la mémoire et de la connaissance.
Après avoir lu les chapitres qui traitent du Moi psycologique et du Moi physiologique, il serait impossible de savoir ce que j'ai dit des sentiments abstraits
et concrets, et de leur expression par le langage,
etc., etc. Toutes les questions qui sont traitées dans

(1) M. Clerc aurait pu ajouter aussi la préface, puisqu'il lui consacre la moitié de sa critique.

mon livre demandent chacune une appréciation particulière, et ne peuvent être jugées l'une par l'autre.

Si M. Clerc, qui consacre la moitié de sa critique à ma courte préface, l'avait lue toute entière, il y aurait reconnu que j'ai prévu la manière de procéder dont les philosophes de sa force feraient usage pour critiquer mon livre, c'est-à-dire qu'ils se débattraient dans le vague de quelques généralités, qu'ils avanceraient des propositions sans leur donner la moindre démonstration, qu'ils se contenteraient de nier ou d'affirmer, sans appuyer leur opinion de la moindre preuve.

Voici ce que j'ai dit à cet égard à mon jeune ami A. B. : « Dans le cas *où il vous arriverait de vou-*
« *loir jouer le rôle de critique*, je vous impose
« l'obligation d'attaquer mes opinions par l'*analyse*
« *des faits privés*, parce que je me suis servi, au-
« tant que possible, de ce mode de démonstration
« pour les établir. *Je ne ferais aucun cas* de ces
« critiques en quelques lignes *qui se renferment*
« *dans des généralités* qui ne prouvent absolument
« rien ; elles ne pourraient donner qu'une idée im-
« parfaite et très arbitraire d'une œuvre qui, par
« sa nature, ne comporte *guère de jugement sur*
« *son ensemble*. En effet, chacune des questions
« qu'elle renferme n'ayant pas *de liaison essentielle*
« *avec celles qui la précèdent ou la suivent, doit*
« *être appréciée séparément*.

§ II.

Du MOI en psycologie.

Pour bien apprécier le mérite de la critique de M. Clerc, il est bon de vous rappeler, MESSIEURS, les propositions que j'ai émises dans ce chapitre, et auxquelles j'ai donné une solution. Vous pouvez voir comment votre collègue y a répondu.

A. J'ai démontré 1° que les *forces*, les *facultés* ne sont que des modes d'être occultes, que nous supposons exister dans les corps, et auxquels nous rapportons les effets sensibles que produisent ces corps ; 2° que nous admettons l'existence hypothétique de ces êtres de raison, parce qu'il nous est impossible d'expliquer les phénomènes attribués aux corps par leurs attributs perceptibles; 3° que ce mot *force* n'est donc pour nous qu'une formule explicative créée par notre ignorance pour nous rendre plus facilement raison des caractères identiques ou analogues qu'offrent des groupes de phénomènes.

Quelle est la réponse de M. Clerc à cette proposition ? « M. Guillaume, dit-il, qualifie les forces « de modes occultes, termes imaginés pour si-« gnifier ce que l'on ne connaît. *Tout cela est* « *vrai*, et *la psycologie* LE RECONNAIT *comme la* « *physiologie*. » M. Clerc a reconnu avec moi que les mots *forces*, *facultés*, ne sont que des termes imaginés pour signifier ce qui nous est caché. Voilà, MESSIEURS, un aveu dont je prends acte, parce qu'il

contient la condamnation du psycologisme. Les spiritualistes considérant l'*ame* comme une force (1),
nous pouvons donc conclure que ce mot *ame* n'est
pour nous qu'un terme imaginé pour désigner une
chose que nous ignorons ; or, si cette chose nous
est inconnue, nous n'avons donc pas le pouvoir
de raisonner sur sa nature, son origine et sa destinée, ainsi que le font certains philosophes. Je
suis très satisfait de trouver M. Clerc d'accord avec
moi sous ce rapport, et se rendant une fois à l'évidence.

B. J'ai fait voir, par l'analyse des faits, que nous
ne connaissons point de *forces*, de *propriétés* qui
soient indépendantes de la constitution moléculaire
des corps où elles fonctionnent ; d'où la conclusion
que tout principe qui anime nos organes est subordonné à leurs conditions matérielles.

Vous savez, Messieurs, comment M. Clerc a critiqué cette proposition : « La question ainsi posée, vous
« a-t-il dit, M. Guillaume observe que les *corps* ina-
« nimés ont reçu une *existence dépendante de leur*
« *constitution moléculaire.* » Dire que l'existence
des corps est dépendante de leur constitution moléculaire est une naïveté, puisque les corps n'existent
pour nous que par leurs attributs sensibles, lesquels
sont dépendants de la nature des molécules qui composent ces corps. Je prie M. Clerc de vouloir bien

(1) On ne refusera pas de reconnaître, dit M. Damiron, que dans
l'univers il y a *avec l'ame bien d'autres forces* qui s'y déploient, (*Cours
de philosophie. Psycologie,* page 8.)

garder ses naïvetés philosophiques pour lui-même,
et de ne pas me les prêter. On peut voir, d'après
l'énoncé de ma proposition, que j'ai dit que ce sont
les *forces*, les *propriétés* des corps, et non pas les
attributs évidents, par lesquels nous reconnaissons
leur existence, qui sont subordonnées à la constitution moléculaire des êtres non-seulement inanimés,
comme le dit M. Clerc, mais vivants aussi. Votre
collègue n'ayant fait valoir contre cette proposition
aucun motif, la démonstration que je lui ai donnée
existe donc dans toute sa puissance.

C. C'est en termes assez clairs, et sans équivoque,
que j'ai énoncé « que les psycologistes reconnais-
« sent que la vie végétative du cerveau de l'homme
« est sous l'empire de la force vitale ; que par con-
« séquent il y a dans ce viscère un autre principe
« que l'ame pour diriger ses fonctions. »

Avant de répondre à une proposition aussi simple
que clairement exprimée, M. Clerc s'est posé d'a-
bord la question de savoir s'il devait y répondre. On
conçoit aisément chez lui cette hésitation du premier
moment, parce qu'il doit se défier de ses forces.
Enfin il s'est décidé ; mais il eût beaucoup mieux
fait de se renfermer dans le silence dont il vous a
menacé, MESSIEURS, car sa réponse n'a été qu'outre-
cuidante et inconséquente. M. Clerc a été outrecui-
dant, dans ce sens qu'il a supposé qu'en exprimant
ma pensée j'ai été inintelligible à moi-même, et
qu'ensuite il a eu la prétention de m'avoir fort bien
compris, puisqu'il a répondu aussitôt à ma propo-

sition. Votre collègue, MESSIEURS, a été ensuite in-conséquent, lorsqu'après vous avoir annoncé que je ne m'étais pas compris en disant « que le cerveau a « pour diriger ses fonctions une autre force que « l'ame, c'est-à-dire le principe vital, » il adopte aussitôt mon opinion et la répète dans les mêmes termes à peu près que ceux que j'ai employés pour l'exprimer. « Quant aux viscères, dit-il, leurs fonc-« tions, sans excepter même *celles* (1) du cerveau, « sont le résultat de la force vitale, » où M. Clerc a-t-il puisé ses principes de dialectique?

Autre inexactitude. M. Clerc a supposé que j'ai dit dans mon livre que l'ame dépend de la force vi-tale. « Cela n'empêche point, dit-il, que l'ame..... « qui est étrangère aux éléments terrestres, ne soit « indépendante de la force vitale. » Jamais je n'ai émis une pareille opinion; M. Clerc me l'attribue à tort, faute d'avoir lu mon livre. J'ai seulement dit et prouvé que l'ame n'étant pour nous, ainsi que le principe vital et toutes les forces sans exception, qu'une formule explicative, il est inutile d'admettre deux êtres de raison pour se rendre compte des phé-nomènes de l'ordre moral, lorsqu'un seul suffit.

Enfin, pour la première fois, MESSIEURS, votre collègue a essayé de vous donner un échantillon de sa manière de raisonner, et pour ce, il s'est servi du terrible dilemme. Quelque peu concluant que soit son argument, j'aime au moins à le voir sur ce ter-

_____

(1) M. Clerc a laissé imprimer *ceux* au lieu de *celles.*

rain où on le rencontre si rarement. Si son argu-
mentation porte à faux, il fait du moins preuve de
bonne volonté, et on doit lui en savoir gré. Mais
avant de faire son dilemme, il aurait dù résoudre
différemment que moi les questions que j'ai soulevées sur la nature des forces, car, sans cette solution
préalable, l'argument de M. Clerc est sans valeur,
et on a à reprocher à sa logique d'avoir évité cette
difficulté essentielle pour n'être point gêné dans son
raisonnement.

J'ai fait voir, en parlant des forces, 1° que si la
dynamie des psycologistes est indépendante de la
constitution des corps où elle fonctionne, et qu'elle
diffère essentiellement des autres forces sous ce rapport, elle forme dès lors une exception unique, et
qu'une exception de ce genre ne peut être admise
qu'autant qu'on peut la démontrer rigoureusement;
2° que l'analyse des faits de la vie organique et intellectuelle prouve contre cette hypothèse ; 3° que
l'on ne peut raisonner sur les essences, sur les forces;
qu'en conséquence tout ce que les psycologistes disent de la nature, du siège, de l'origine de l'ame n'est
qu'imaginaire; 4° que pour faire admettre une exception non démontrée, il faut au moins en faire ressortir la nécessité pour expliquer les phénomènes de
l'ordre moral ; que cette nécessité n'est pas même
invoquée par les psycologistes ; 5° que ces philosophes, reconnaissant eux-mêmes que les caractères
essentiels de leur force sont communs à beaucoup de
dynamies physiques, et entre autres à la force vitale,

on ne peut admettre, sans démonstration préalable, que puisque sa nature est la même, elle existe à des conditions différentes ; 6° que si la force vitale offre au plus haut degré les qualités du principe des psycologistes, l'admission de cette dernière dynamie est superflue, puisqu'on peut rapporter à la première tout ce qu'on attribue à la seconde.

Il n'est pas nécessaire d'être de première force en dialectique pour voir que, se proposant la critique de deux de mes chapitres, M. Clerc ne pouvait passer sous silence ces questions qui y sont développées, et se croire autorisé, après une pareille réticence, à poser le dilemme suivant, qui, du reste, n'est pas de date moderne : « Si le mouvement vital est spi- « rituel, la psycologie demeure avec tout le spiri- « tualisme imaginable ; si, au contraire, ce mouve- « ment est matériel et purement animal, l'*ame qui* « *n'a pas besoin* de lui pour exister, surnage et con- « serve sa distinction d'avec le corps. »

Cet argument est sans signification pour les motifs suivants : 1° il est basé sur la question oiseuse de la nature des forces, des essences, dont les sciences exactes, comme la physiologie, ne s'occupent plus depuis longtemps, attendu qu'elle n'a d'autre résultat que d'égarer la science dans de fausses voies et ne peut conclure à rien de certain ; 2° il suppose ensuite qu'il est possible de résoudre cette question, tandisqu'elle est insoluble ; qu'on ne peut, à cet égard, que hasarder des hypothèses dénuées de toute preuve ; 3° cet argument est encore insignifiant, vu

que M. Clerc n'est point autorisé à demander qu'on
ait à se prononcer sur la spiritualité d'une chose
tant que les psycologistes n'auront point défini l'objet que désigne ce mot, autrement que par une négation, puisque jusqu'à présent ce terme n'exprime
aucun mode particulier d'existence, et que dès lors
on ne peut savoir si ce mode appartient ou non à tel
ou tel être déterminé ; 4° M. Clerc ayant reconnu
lui-même que les mots *forces, facultés,* ne sont que
*des termes imaginés pour signifier ce que l'on ne
connaît pas,* il est inconséquent de sa part de vouloir qu'on se prononce sur la nature de la force appelée *ame* qu'il ignore entièrement, qui est une des
choses que *l'on ne connaît pas.* S'il affirme que sa
force diffère des autres dynamies, il faut auparavant
qu'il le démontre, c'est-à-dire qu'il signale les caractères distinctifs qui font d'elle une exception à la
loi générale ; 5° en affirmant que l'ame *n'a pas besoin pour exister du mouvement matériel purement
animal,* M. Clerc, selon son habitude, *préjuge* la
question au lieu de la résoudre, procédé commode
mais qui n'a rien de neuf. On peut ainsi argumen-
ter à son aise et trancher du philosophe, mais les
personnes instruites ne s'y laissent pas prendre.

Lorsque votre collègue, MESSIEURS, vous a dit
« que le corps n'est, par rappport à l'ame, que la
« condition *sine quâ non* de son existence, » il ne
vous a point signalé un fait exclusivement propre à
l'ame. Cette proposition est applicable à toutes les
forces physiques sans exception ; leur existence sup-

pose celle des corps où elles fonctionnent. Cette subordination de l'existence de la force à celle du corps
dont elle forme un des attributs, prouve assez le lien
essentiel qui unit ces deux existences.

M. Clerc a reconnu, dans la phrase précédente,
que c'est la force vitale, qui est subordonnée aux
conditions moléculaires des tissus, qui dirige les fonctions du cerveau. « Quant aux viscères, vous a-t-il
« dit, leurs fonctions, *sans excepter même celles du*
« *cerveau*, sont le résultat *de la force vitale*. »
Dix lignes plus loin, Messieurs, votre collègue se
contredit; il prétend qu'il n'y a dans le cerveau
aucune force (pas même celle appelée vitale par
conséquent), essentiellement dépendante de la molécule organique: il assure même que la conclusion
des physiologistes à cet égard est *sophistique et cons-*
tamment déniée par la psycologie. Rien n'est plus
facile qu'une simple dénégation lorsqu'on n'est pas
obligé de motiver son jugement; aussi la psycologie
peut bien dénier la conclusion des physiologistes;
mais comme elle ne peut prouver que cette conclusion est fausse, son assertion est sans valeur.

Malgré l'incompatibilité bien prononcée que M.
Clerc suppose exister entre la spiritualité et la matière, l'évidence qui prouve une relation intime
entre les organes et la dynamie à laquelle nous rapportons leurs fonctions, l'oblige cependant à reconnaître une dépendance, établissant un lien essentiel
qui confond la nature des corps avec celle de la force
qui l'anime; puis il avance, mais sans donner au-

cune preuve à l'appui de son opinion, 1º que cette subordination n'est point d'*essence*, mais d'*action* seulement ; 2º que la substance *corporelle* et la subtance *spirituelle*, c'est-à-dire la force appelée *ame*, existent constamment *séparées* et *indépendantes*.

En parlant des forces, j'ai démontré que nous ne connaissons point de dynamies dont l'existence ne soit *essentiellement* dépendante de la constitution moléculaire des corps où elles fonctionnent. Tant que M. Clerc n'aura pas résolu différemment que moi les questions que j'ai posées sur la nature des forces, et dont je viens de rappeler les principales, ses affirmations ou ses dénégations à cet égard sont sans valeur. Il entrait dans son rôle de critique d'attaquer ces questions plutôt que de vous parler, MESSIEURS, des comédies de Molière, d'Argan, de la vertu dormitive de l'opium et autres réflexions banales de ce genre, dont la science ne peut tirer aucune conclusion. La dialectique de votre confrère offre encore la même insuffisance lorsqu'il veut prouver que la subordination d'action est du corps à la force et non de la force au corps. « La dépendance, « quant à l'action, dit-il, est en sens inverse de ce « que vous la placez, en faisant dépendre l'ame du « corps. » Il n'y a subordination réelle que ducorps « à l'ame, à l'ame qui règne en souveraine par la « liberté et la volonté. » Voilà une assertion bien affirmative ; mais je cherche en vain les faits qui peuvent en démontrer l'exactitude. M. Clerc oublie toujours qu'entre l'énoncé d'une proposition et les

conséquences qu'on peut en tirer , il y a la démonstration , c'est-à-dire la partie la plus essentielle et la
plus difficile du raisonnement.

Dans cette proposition qui n'est appuyée d'aucune
preuve , votre collègue , MESSIEURS , attribue à la
force des psycologistes une activité intrinsèque, c'est-
à-dire fonctionnant sans excitation préalable de la
part d'une cause extérieure. Je n'ai point encore
traité cette question , dont je parlerai à l'article *volonté*. Je ferai observer , en passant , que l'activité
intrinsèque n'appartient qu'à Dieu seul. Si le mot
ame n'exprime que l'existence d'une force , comme
toutes les dynamies , elle ne doit entrer en action
que lorsque cette action est sollicitée par une cause
qui lui est étrangère. Nous ne connaissons point
encore de force qui fonctionne autrement. La chose
est évidente pour toutes les dynamies auxquelles
nous rapportons les phénomènes physiques. L'observation attentive des faits de l'ordre intellectuel
nous démontre également que toutes les fonctions
du cerveau n'ont lieu qu'à la suite d'une impulsion
préalable , qui est communiquée , par l'intermé-
diaire des organes , à la force que nous considérons
comme cause de ces fonctions.

Bichat a démontré , par ses belles expériences sur
la circulation , que les fonctions du cerveau , c'est-
à-dire tous les phénomènes de l'ordre intellectuel ,
sont entièrement subordonnées à la somme de mouvement qu'imprime le sang rouge à ce viscère. Si
l'action de la force des psycologistes ne dépend

point du mouvement que le cœur imprime au sang
artériel , elle doit conserver les mêmes conditions
lorsque ce mouvement est ralenti , ou supprimé, ou
trop violent , que quand il est dans son état normal;
or, l'observation la plus vulgaire nous apprend qu'un
simple ralentissement dans l'intensité des contractions du cœur , comme celui qui produit la syncope,
par exemple , amène aussitôt la cessation de tous les
phénomènes attribués à l'ame. Un sang projeté avec
trop de force et d'abondance dans le cerveau déter-
mine également la perturbation dans ces phénomènes : donc l'exercice de la force des psycologistes
est directement subordonné à l'action du cœur ,
puisque toutes les modifications anormales survenues
dans les fonctions de ce viscère , troublent ou para-
lysent celles du cerveau. Empêchez le contact de
l'air vital sur les poumons, l'ame perd aussitôt sa
puissance d'action ; le défaut d'excitation de l'estomac par les aliments produit le même résultat. Le
principe intellectuel a donc cessé ses fonctions aussitôt que les poumons et l'estomac n'ont plus éprouvé une excitation suffisante de la part de leurs modificateurs naturels. Si vous rendez à ces viscères le
contact stimulant de ces modificateurs, aussitôt vous
voyez, à mesure que se reproduit l'excitation organique, vous voyez, dis-je, se ranimer insensiblement
l'action du principe intellectuel : donc , en cette circonstance, cette action est encore entièrement subordonnée à celle des organes. Sans l'excitation des
sens par les impressions du monde extérieur , il n'y

aurait point de sensations externes, figuratives ni directes, qui sont les éléments de tous les phénomènes intellectuels constituant la connaissance ; c'est-à-dire le rapport de modifications imprimées à notre organisme à des causes extérieures déterminées. Si donc vous supprimez l'excitation des sens qui précède constamment la production des faits de la connaissance, il est évident que l'action du principe intellectuel, considéré en tant qu'il donne lieu à ces faits, cesse d'être possible : donc ce principe est également subordonné, dans cette circonstance, à l'excitation préalable des sens.

Les mouvements de la vie de rapports, c'est-à-dire ceux appelés volontaires, par lesquelles nous agissons sur nous-mêmes et les objets environnants, sont déterminés par les affections sympathiques ou antipathiques, ou sentiments précordiaux, qui ont eux-mêmes leur cause dans les idées qui constituent la connaissance des objets. Or, si ces sensations-idées n'avaient point été déterminées par l'excitation préalable des sens, il n'y aurait point de passions, et s'il n'y avait point de passions, les mouvements dits volontaires n'auraient point lieu : donc le principe des contractions musculaires par lesquelles nous agissons, est toujours dépendant d'une excitation antérieure des sens. Il arrive souvent que les affections ont pour seul mobile des sensations rappelées par la mémoire ; dans ce cas l'action qui met en jeu les organes volontaires, paraît n'être pas sollicitée directement par une excitation des sens ; mais on ne doit pas oublier qu'il n'y aurait point d'idées ou sensations reproductibles, par le fait de la mémoire, si la vue n'avait transmis au cerveau les impressions figuratives du monde extérieur. (1)

En parcourant ainsi successivement tous les faits que les psycologistes rapportent à leur force, il est facile de voir que, dans aucune circonstance, elle ne fonctionne sans avoir préalablement reçu une impulsion de la part des organes qui communiquent avec le cerveau au moyen de filets nerveux: donc, en conclusion générale, l'*intelligence servie par des organes de M. de Bonald*, est la très-humble servante de ces organes, puisqu'elle participe constamment à tous les changements qu'ils éprouvent; qu'elle est malade avec eux, qu'elle meurt avec eux; qu'elle ne recouvre son énergie que lorsque ceux-ci reviennent à leurs conditions naturelles de vie; qu'elle ne peut jamais fonctionner sans avoir reçu auparavant une impulsion de ces organes, et que l'intensité de son action a toujours un rapport déterminé avec le mouvement qu'elle reçoit des excitations organiques. A ces faits positifs, M. Clerc n'a opposé que de simples dénégations ou des opinions non motivées d'auteurs psycologistes, qui n'ont pas plus prouvé que lui contre ces faits.

L'évidence des phénomènes dont je viens de parler est si manifeste et si favorable aux conclusions que j'en ai tirées, que votre collègue, Messieurs, n'a

(1) Je crois avoir démontré péremptoirement que les idées ne sont que les sensations que j'ai appelées figuratives.

pu s'empêcher de faire une restriction à sa dénégation en ajoutant : « M. Guillaume argumente de la
« perturbation qu'introduisent les poisons violents
« dans le système intellectuel (1), mais il ne fait
« pas attention que *personne ne répond dès posi-*
« *tions exceptionnelles*, et que les lois de la nature,
« comme celles des hommes, sont faites pour les
« cas ordinaires. »

Si la vie était toujours la même, il serait impossible de l'étudier ; ce n'est que par la comparaison
des différents états qu'elle est susceptible de présen-
ter, qu'on est arrivé à reconnaître ses lois ordinaires
et exceptionnelles ; ainsi ses conditions morbides
doivent avoir leur explication tout comme les conditions naturelles. Lorsque la science ne peut le faire,
c'est qu'elle est défectueuse à cet égard ; et si la physiologie laisse encore beaucoup à désirer sous ce rapport, que dirons-nous de la psycologie qui est incapable non-seulement de rendre raison d'aucun des
faits morbides de la vie, mais est continuellement
en désaccord avec ses cas les plus ordinaires. Votre
collègue, MESSIEURS, aurait dû vous désigner d'une
manière toute particulière quelles sont ces positions
exceptionnelles dont la psycologie ne peut rendre
compte, puis vous dire d'où vient son impuissance à
cet égard, et démontrer enfin que c'est à tort que la
physiologie argumente de ces conditions contre elle.

(1) Je n'ai pas parlé seulement des poisons violents, mais de circonstances même ordinaires qui modifient la vitalité des principaux viscères. (*Voyez Physiologie des Sensations*, tome I, pages 22 et 23.)

M. Damiron n'a-t-il pas déjà dit avant M. Clerc,
qui ne fait que répéter la même idée en d'autres
termes, « *qu'il est des circonstances qui dominent*
« *l'activité du* Moi. » J'ai dit à cette occasion :
« Mais quelles sont ces circonstances qui, selon les
« psycologistes, ont un empire si marqué sur l'ac-
« tivité de l'âme, qui ne se manifeste à nous que
« par celle du Moi? Pourquoi ont-ils oublié de nous
« signaler chacune d'elles en particulier? Il leur
« importait cependant beaucoup de démontrer que
« *ces circonstances* sont autre chose que les diverses
« conditions organiques du cerveau. Voilà com-
« ment, avec des expressions génériques, appli-
« cables à un nombre d'objets si considérable
« qu'elles n'offrent plus de sens précis, on élude les
« difficultés d'une question. (1) »

Au lieu de reproduire simplement l'idée de M.
Damiron, votre collègue, Messieurs, aurait dû répondre aux objections que j'ai soulevées à cet égard,
parce qu'elles se trouvent dans l'un des deux chapitres dont il a entrepris la critique : or, c'est ce
qu'il n'a point fait et ce qu'il est incapable de faire,
ajoutent certaines personnes.

M. Clerc m'a reproché, Messieurs, de n'avoir
pas poursuivi jusqu'au dernier âge la comparaison
que j'ai faite de l'animal et de l'homme dans les
commencements de leur existence. Si vous avez lu
mon livre, vous avez dû voir que ce n'est point un

(1) Physiologie des Sensations, tome I, page 85.

parallèle entre ces deux êtres que je me suis proposé ; que j'ai voulu seulement prouver que le principe
de la vie intellectuelle n'a pas une origine différente
dans l'homme que dans l'animal ; que chez l'un et
l'autre il ne se développe qu'à mesure que le corps
prend son accroissement, et d'après les mêmes lois,
les mêmes conditions. Je n'ai pas cru pouvoir pous-
ser plus loin la comparaison, parce que l'homme ne
devant sa supériorité sur les autres animaux qu'au
plus grand développement de certaines sensations,
ainsi qu'à une organisation spéciale dont je n'avais
point encore parlé au commencement de mon livre,
je ne me suis pas cru autorisé à prouver un fait par
des principes dont je n'avais point encore démontré
la vérité. Ma réserve, en cette circonstance, est, je
pense, logique ; car on aurait pu contester l'exactitude de mes propositions, si je les avais avancées
avant de m'être procuré leurs éléments de démonstration. M. Clerc considère mon silence à cet égard
comme très regrettable ; mais qu'il se rassure, mes
efforts ne manqueront point à la science sous ce rapport, Dans mon second volume je tâcherai de faire
voir à quoi tient la supériorité que certains animaux,
et l'homme en particulier, ont sur d'autres. Pour
arriver à mes conclusions, je ne parlerai ni de la
contemplation des astres et du ciel, ni de la brute
condamnée au mutisme, qui ne peut tenir son corps
courbé vers la terre que pour voir la glèbe qu'elle
parcourt, et autres phrases de ce genre, qui ne
jettent aucune lumière dans la solution d'un pro-

blême. Je tâcherai de ne fournir que des faits positifs et bien circonstanciés, dont l'exactitude confir-
mera celle des conséquences que j'en pourrai tirer.

Vous venez de voir, MESSIEURS, que la critique
que votre collègue a faite du deuxième paragraphe
du premier chapitre qu'il a soumis à son appréciation, est très incomplette, peu concluante et
remplie d'assertions fausses dont j'ai fait ressortir
l'inexactitude ; aussi en vous annonçant qu'il avait
hâte d'en finir sur ce deuxième paragraphe, avez-
vous dû trouver que c'est ce qu'il avait dit et fait de
mieux, et qu'il eût mieux fait encore de ne pas
commencer sa critique.

M. Clerc en est maintenant à la question du Moi
psycologique. Je crois avoir démontré mathémati-
quement que la théorie de Reid et Jouffroy sur l'ê-
tre *suî conscius* est inintelligible et remplie de contradictions manifestes ; je pense aussi les avoir ré-
duits à l'absurde, en faisant voir que cette proposition qu'ils avancent, « C'est par l'observation que
« nous acquiérons la notion de la sensation d'odeur, »
revient à celle-ci : « *C'est par la sensation d'odeur*
« *que nous éprouvons la sensation de la sensation*
» *d'odeur.* » Au lieu de démontrer que mon raisonnement est vicieux et d'attaquer franchement mes
arguments, M. Clerc ne dit mot des motifs que j'ai
fait valoir ; il a, lui, une manière beaucoup plus
commode de se tirer d'affaire, il se contente de dire
que *j'ai gourmandé vigoureusement les aigles de
la psycologie ; que ce va être une guerre mortelle*

envers les personnes, après en avoir fait une si
rude aux choses. Doit-on attendre d'autres raisonnements philosophes de la part de M. Clerc?

Ensuite votre collègue, Messieurs, vous a avancé
l'assertion la plus inexacte, lorsqu'il vous a dit que
je reproche à M. Damiron de *s'être égaré pour avoir*
placé dans la perception le point de départ de toutes
nos connaissances. Si M. Clerc avait lu le livre dont
il a la prétention de faire la critique, il y aurait vu,
au contraire, que je suis tout-à-fait de l'avis de M.
Damiron sous ce rapport, et que je me sers même de
cet aveu pour conclure qu'en définitive toutes nos
connaissances ne sont que des perceptions, c'est-à-
dire des sensations. « Le Moi, ai-je dit, qui, comme
« vous le verrez ultérieurement, consiste dans la
« sensation, *est, pour les psycologistes, comme pour*
« *nous,* le seul fait élémentaire de l'ordre moral. (1) »

Votre collègue, Messieurs, est un élève soumis
et très soumis, ne parlant que de et par ses maîtres;
ne supposant pas que ceux dont il a embrassé la
doctrine peuvent avoir jamais tort; aussi, selon M.
Clerc, quiconque se permet de contredire les opinions qu'il a lues dans ses livres, doit nécessairement se tromper, et l'on peut, à coup sûr, le taxer
d'*impéritie*. Voici à peu près, en résumé, sa manière de critiquer les opinions qu'il veut combattre :
« Mes dignes maîtres ont dit telle chose, voyez
« page... et suivantes de tel livre; or M. Guillaume,

(1) Physiologie des sensations, *page* 30.

« qui apparemment n'a pas lu ces pages , émet une
« opinion contraire ; donc il est dans l'erreur la plus
« grave, donc il traite les questions de philosophie
« avec la plus grande *impéritie.* » (1)

Tel a été , en effet, le raisonnement et le langage
mesuré de M. Clerc , lorsqu'il a voulu vous prouver,
Messieurs , que je ne suis qu'un ignorant pour avoir
osé avancer que les modes connus d'un objet ne peuvent servir pour arriver à la connaissance de ses
qualités occultes , c'est-a-dire non perceptibles. Je
vous avoue, Messieurs, que cette qualification accablante d'*impéritie* a froissé mon amour-propre d'auteur, non pas parce qu'elle m'est donnée par M.
Clerc , mais parce qu'il l'appuie d'un raisonnement
spécieux qu'il a emprunté à un auteur spiritualiste ;
raisonnement dont sa sagacité n'a pas su apprécier
l'inexactitude. Voici, en deux mots, l'objet de la
question.

Selon les psycologistes , le phénomène de la perception se compose de trois éléments , dont deux ,
disent-ils , l'*ame* et la *conscience*, leur sont inconnues ; le troisième, c'est-à-dire le Moi, est seul appréciable. Or, pour faire admettre que l'on peut
étudier les deux éléments entièrement inconnus par
celui qui tombe sous les sens , ils avaient besoin d'un
raisonnement spécieux , et voici comment ils l'ont
construit : « Selon les physiologistes , disent-ils ,

(1) Expression courtoise dont se sert M. Clerc à mon égard dans son
langage académique. (*Voyez sa critique , page* 115, *de la séance pu-
blique de l'Académie de Besançon , du* 28 *janvier* 1844.

« l'étude d'un phénomène se compose de cinq cir-
« constances qui sont : 1° l'*organe*, 2° l'*occasion*
« *excitante*, 3° l'*opération*, 4° le *phénomène lui-*
« *même*, 5° *son but*. Dès que l'une de ces circons-
« tances, qui sont *toutes connues*, est donnée, l'exis-
« tence de toutes les autres est acquise ; or, si les
« physiologistes peuvent juger de l'existence d'un
« des éléments du phénomène organique par un
« autre de ces éléments, les psycologistes ne sont-
« ils pas en droit, par la même raison, d'arriver à
« la connaissance des deux éléments inconnus de
« la perception par le troisième, qui est évident. »

Il est facile de voir de suite qu'il n'y a aucune analogie, et à plus forte raison identité, entre les objets
mis ici en comparaison, entre les éléments du phénomène organique et ceux qui, selon les psycologistes, composent celui de la perception. En effet,
tous les éléments du phénomène organique, sans
exception, *sont connus*, tandis que parmi ceux de
la perception *un seul est évident*. Chacun sait ce que
c'est qu'un *organe*, une *occasion*, une *opération*,
un *phénomène*, un *but ;* mais tout le monde ignore
encore ce que c'est que l'*ame* et la *conscience*. Il me
suffit d'éprouver une seule impression de la part
d'un corps, lorsque tous ses modes d'être ont déjà
agi antérieurement sur mes sens, pour que cette
seule impression réveille aussitôt en moi la mémoire
ou le souvenir de tous les sentiments qu'ont déterminé autrefois en moi les autres attributs de ce corps.
Mais si je n'avais jamais éprouvé que l'impression

d'une seule de ses qualités, cette seule qualité me
serait connue, et il est inexact de dire que par cette
qualité je pourrais connaître les autres si je n'en avais
jamais ressenti l'impression. Dans le cas, par exemple,
où un fruit ne m'aurait jamais impressionné que par
sa forme et sa couleur, je ne pourrais affirmer que
par ces deux seules sensations je puis arriver à la
connaissance de son odeur, de sa saveur, de sa densité, de ses qualités physiologiques, si ces derniers
modes n'avaient jamais agi sur mes sens; tandis
qu'au contraire, lorsque j'ai éprouvé plusieurs fois
l'impression de tous ces modes, il me suffit de res-
sentir seulement celle de l'odeur, ou de la saveur,
ou de la forme, etc., pour que cette seule sensation
réveille la mémoire de toutes les autres, c'est-à-dire
qu'une connaissance en rappelle une autre qui est
déja acquise (1). De plus, comme nous savons que
tous les modes qui composent les corps, dans une
condition donnée, ont une existence inséparable,
l'existence d'un seul d'entre eux fait nécessairement
supposer celle de tous les autres ; de même, comme
toutes les circonstances du phénomène organique
sont connues, et que nous savons également que
pour l'accomplissement du phénomène leur coexis-
tence se suppose, l'existence d'une seule de ces circonstances nous rappelle nécessairement celle des
quatre autres. Au contraire, dans le phénomène de
la perception un seul fait existe pour nous, celui du

(1) Je pense avoir démontré péremptoirement dans ma Physiologie
que toutes nos connaissances ne sont que des sensations.

Moi, parce que lui seul est appréciable, mais il ne
peut réveiller la connaissance des éléments appelés
ame et *conscience*, parce que cette connaissance n'existe pas en nous, puisque ces éléments ne nous ont
jamais impressionnés, et que personne ne peut dire
en quoi ils consistent. Leur existence n'est donc
qu'une supposition imaginaire des psycologistes,
tandis que celle des éléments qui composent le phénomène organique est évidente pour tout le monde.

En écrivant mon livre, Messieurs, je ne suppo-
sais pas qu'il était nécessaire d'établir cette distinction si facile à saisir, pour me croire autorisé à faire
l'objection que j'ai soulevée contre le faux raisonnement des psycologistes, lorsqu'ils prétendent pouvoir étudier deux éléments *entièrement inconnus*
par un autre qui seul est appréciable. Je comptais
assez sur la sagacité de mes lecteurs pour m'épar-
gner ces détails. Pouvais-je supposer que votre académie chargerait une personne aussi étrangère à la
pensée philosophique que M. Clerc, de faire le rapport ou la critique de mon œuvre! C'est encore son
peu d'habitude à tirer ses pensées de son propre fond,
qui a fait dire à votre collègue que M. Damiron a
fait preuve d'habileté en réduisant à *trois* les *cinq* éléments essentiels de tout phénomène; car un pareil
aveu contient la condamnation de la manière de procéder des psycologistes. Si, en effet, un phénomène
se compose nécessairement, en toute occasion, de
cinq éléments, personne n'a le droit d'en supprimer
aucun, parce que nous ne pouvons changer les faits

naturels qui sont invariables dans leur essence ; or ,
si M. Damiron en a agi ainsi pour expliquer le fait
de la perception , il a usurpé un droit qu'on ne lui re-
connaîtra jamais. Il a en outre le tort d'avoir substitué
à des éléments connus, deux éléments dont l'existence
n'est qu'une supposition gratuite ; enfin il part d'un
faux principe en prétendant pouvoir étudier des éléments inconnus par un seul qui soit appréciable.

Vous voyez, Messieurs, que j'ai de trop bonnes
raisons à faire valoir, en cette circonstance, pour
que je sois obligé de me *fâcher*, comme vous l'a dit
très ironiquement votre collègue ; mais, au reste,
il ne cite point mes termes de colère, ce qui lui serait impossible. Il pense faire prendre le change en
me prêtant le dépit qu'il éprouve lui-même de son
impuissance à infirmer aucun de mes raisonnements
par une bonne démonstration. Par exemple, il ne
peut me pardonner d'avoir trop bien prouvé que la
théorie de Reid et Jouffroy sur l'être *sui conscius*
est inintelligible et remplie de contradictions ; il a
prit la chose tellement à cœur , qu'il y revient sans
cesse et qu'il me fait un reproche amer d'avoir conclu
de ma démonstration que ses maîtres n'ont fait que
du double galimathias dans cette question.

Comme il est au-dessus de ses forces de prouver
que mes raisons sont mauvaises , il a dû se borner à leur donner des qualifications peu flatteuses ;
ainsi, au lieu de vous faire voir, Messieurs, contrairement à ce que j'ai prouvé , que les mots *conscience, observation , notion , connaissance , sensa-*

tion, ne sont point synonymes, qu'ils ne désignent pas l'un et l'autre un seul et même fait, celui de la sensation ; au lieu de déterminer quels sont les phénomènes, ignorés jusqu'à ce jour, dont, selon les psycologistes, ces termes sont sensés être l'expression ; au lieu de combattre les motifs par lesquels j'ai établi qu'il n'y a en nous qu'un être et non pas deux, et que l'axiòme capital du spiritualisme « *Je « me sens*, » est faux, etc., etc., M. Clerc a cru répondre à tous ces arguments en se contentant de les appeler *une censure contre M. Jouffroy et le philosophe Reid ;* logique commode qui n'exige pas une grande sagacité philosophique, et qui paraît suffire à M. Clerc, mais que dédaigne un Aristarque.

Votre collègue vous a ensuite annoncé que j'avais copié *un long passage* de la préface de Jouffroy, mais sans vous dire de quoi il est question dans ce passage : c'est moi qui suis obligé de vous apprendre qu'il n'est autre chose que le texte de la théorie de l'être en deux personnes, que les psycologistes appellent *sui conscius*. Comme je m'étais proposé l'appréciation de cette théorie, non pas à la manière de M. Clerc, mais par une analyse des faits qu'elle contient et des mots dont on s'est servi pour l'exprimer, j'ai dû la reproduire littéralement afin de la mettre en regard de ma critique raisonnée. Mon analyse, que M. Clerc n'a pas osé attaquer, est pour lui un cauchemar qui le poursuit partout ; aussi sa mauvaise humeur contre elle lui a-t-elle dicté, pour la qualifier, les expressions les plus acerbes. Il l'a appelée d'abord *une censure*, mais cette dénomination n'est pas assez accablante ; il se reproche sa modération , et le mot de *diatribe* lui paraît beaucoup plus propre à le venger de mes arguments, qui lui en imposent trop pour qu'il leur porte la moindre atteinte.

M. Clerc ne peut croire que le psycologisme dit *éclectique* vise à la mysticité comme le spiritualisme pur sang. S'il me considère comme incompétent à juger les tendances d'une doctrine , je puis lui citer, à l'appui de mon opinion , celle d'un homme célèbre , auquel on ne peut contester le génie de l'appréciation. Voici comment Broussais s'exprime à l'égard des philosophes éclectiques : « Eh ! quel est « donc leur éclectisme? nous le savons désormais , « ils l'ont déclaré authentiquement ; ils sont placés « entre le sensualisme et la théologie , mais à con- « dition d'être toujours, et pour premier titre d'ad- « mission , *spiritualistes* (c'est-à-dire mystiques). « Sur ce , nous n'avons qu'un mot leur à dire : s'ils « sont essentiellement spiritualistes , ils ne sont pas « éclectiques et ils ne peuvent juger les autres qu'en « spiritualistes, c'est-à-dire en gens dominés par une « idée exclusive..... Ils prennent la révélation chez « les théologiens , mais la modifient d'une manière « qui leur est propre : ce sont de vrais réformateurs « du culte, ou, si l'on veut, des *illuminés* qui « aspirent à la domination universelle des cons- « ciences. (1) »

(1) De l'irritation. -- *Préface.*

En signalant les tendances d'un système de philosophie , je ne les ai point confondues , ni eu l'inten-
teution de les confondre avec celles que l'université
se propose dans son enseignement. Dans mon livre
je n'ai dit mot de cette institution ; son nom n'y est
même pas écrit une seule fois. C'est donc une inter-
prétation calomnieuse (1) que M. Clerc donne à une
opinion générale émise sur une doctrine , fort distincte , à mon avis , d'un corps enseignant qui a
propagé avec le plus de sincérité et de zèle les lu-
mières dans notre patrie , et auquel les sciences sont
presque entièrement redevables de leurs progrès.

Vous avez dû trouver étonnant, Messieurs, de la
part de votre collègue , qu'il considère l'accusation
de mysticité comme une injure ! Le spiritualisme
est-il autre chose que la mysticité ? C'est encore très
inutilement qu'il se met en frais d'érudition pour
vous prouver que j'ai eu tort de dire que Locke a
retiré la philosophie des voies de la mysticité où elle
s'était égarée. Pour ce faire , il vous a rappelé que
ce philosophe avait mis l'*existence des esprits sous la
protection de la foi,* que par conséquent il croyait
à cette existence. Mais M. Clerc ne voit pas que la
question n'est point où il la pose : quelqu'ait été,
en effet, l'opinion de Locke sur les essences, sur les
esprits, peu importe ; cette croyance n'était toujours
qu'une hypothèse pour lui, puisqu'il a soin d'ajou-

(1) Procédé fort répréhensible , surtout chez une personne qui qualifie avec tant de légèreté les opinions, qu'il ne partage pas, de *doctrines
corruptrices* de la jeunesse.

ter que nous n'en avons nulle connaissance. Il s'agit seulement ici de constater qu'il est le premier philosophe qui ait pris l'observation par les sens pour guide, comme point de départ de nos connaissances, et qui ait abandonné cette philosophie obscure et remplie de questions frivoles et inutiles sur les causes premières qu'on professait de son temps, et qui a tant d'attraits pour M. Clerc. A Locke appartient donc la gloire d'avoir donné à la philosophie cette marche assurée qu'elle trouve dans les faits perceptibles, et qui a porté de si rudes atteintes au psycologisme; aussi ne doit-on pas s'étonner que M. Clerc conteste à ce philosophe la qualification d'*illustre.*

En disant que « quoique nous ayons l'idée des « esprits, *nous ne pouvons pas plus les connaître* « *par là* que les idées qui sont en nous des fées et « des centaures, ne peuvent nous en donner la con- « naissance, » Locke, comme on le voit, assimile les esprits à ces êtres imaginaires appelées *fées* et *centaures,* qu'on ne connaît pas, dont on ne sait que dire. Ne nous avertit-il pas par là que ces êtres fantastiques ne doivent point être le sujet de nos investigations? que nous devons les reléguer parmi les objets de la foi, c'est-à-dire de la croyance qui exclut le raisonnement; qu'enfin l'intervention de ces existences supposées dans l'explication des phénomènes physiques ou sensibles, ne peut qu'égarer la science, parce qu'alors, prenant pour point de départ des données chimériques, celle-ci ne peut jamais être l'expression fidèle des lois immuables de la nature.

Vous voyez, Messieurs, que votre collègue a toujours soin de fournir des citations qui prouvent contre sa thèse. Lorsque je dis dans mon livre qu'il peut exister des substances qui n'ont rien de commun avec les corps sensibles, mais que nous ne les connaissons point et que nous devons garder le silence à leur égard plutôt que de leur faire jouer un rôle imaginaire dans la science, n'ai-je pas exprimé une opinion semblable à celle de Locke?

Voici M. Clerc arrivé à la fin de son second paragraphe. Pour bien apprécier la valeur de sa critique dans cette seconde partie de son travail académique, il suffit de rappeler en résumé 1º que j'ai démontré jusqu'à l'évidence dans mon livre que la théorie du Moi, telle que l'ont développés les psycologistes, est inintelligible et pleine de propositions contradictoires; 2º que je viens de vous faire voir qu'il n'a pas osé attaquer mon appréciation, et qu'évitant soigneusement d'entrer dans aucune discussion sur cette question vitale du psycologisme, il a dû se borner à appeler ma démonstration *une censure*, puis *une diatribe*. Jusqu'à nouvel ordre, on doit donc considérer les arguments que j'ai fait valoir contre le Moi psycologique comme existant dans toute leur valeur, et la critique que M. Clerc a eu la prétention d'en faire, comme entièrement nulle dans le fond et dans la forme.

Cependant quoiqu'il n'ait point rempli la tâche

que s'impose tout Aristarque d'une œuvre didac-
tique, cela n'empêche pas votre collègue, MESSIEURS,
de s'attribuer le droit de faire une espèce de conclusion en annonçant 1º que la vérité du MOI psycologique *est fort simple*, ce qui veut dire qu'il en a une
idée exacte, très lucide ; prétention fort contestable,
puisqu'il n'a pas pu résoudre les objections qu'on a
soulevées contre la théorie de ses maîtres, et qui
prouvent jusqu'à l'évidence qu'elle est inintelligible
à ses propres auteurs ; 2º que cette théorie est un
chef-d'œuvre de conception philosophique ; et pour
prouver son mérite, il se contente de rappeler les
qualités que les psycologistes attribuent au MOI.
M. Clerc peut-il faire autre chose que répéter, avec
plus ou moins d'à propos, ce qu'il a lu dans ses livres ? est-il capable de la moindre conception originale ?

§ III.

Du MOI physiologique.

C'est surtout dans la question du MOI physiologique qu'apparaît à nu la stérilité d'idées philosophiques dont est frappé M. Clerc, et sa très profonde
ignorance des connaissances qu'exigeait l'appréciation de cette question ; aussi le sentiment de son impuissance à cet égard lui fait-il dire, tout en com-
mençant, que sur huit paragraphes dont se compose
ce chapitre de mon livre, il *discutera* les sept premiers à la fois, ce qui veut dire, s'il avait été sincère,
qu'il les passera sous silence, attendu qu'il est in-

5

capable de rien dire de passable sur les questions qu'ils renferment ; puis, pour donner un prétexte à son impuissance, il *prétend* que ces paragraphes *traitent, pour la plûpart, d'objets étrangers au* Moi. Le vrai motif de ce silence est qu'ici j'entre dans le domaine des faits positifs, auxquels M. Clerc n'entend rien, et que ses livres de psycologie sont aussi dépourvus de données de ce genre, et que dès lors il ne peut me les citer ; aussi, au lieu d'opposer des faits à des faits, des arguments à des arguments, il est infiniment plus commode et plus expéditif de composer deux ou trois phrases pour exprimer une de ces idées banales qui court les rues, celle qui rappelle « *que plus une montre est chargée de* « *rouages, plus elle a besoin d'un grand ressort* « *élastique,* etc. ; » idée qui ne tend en rien à prouver que le Moi est un phénomène autre que celui de la sensation.

Pour être convaincu que l'assertion de M. Clerc, par laquelle il affirme que sept des paragraphes qui composent mon chapitre du Moi physiologique sont étrangers à cette question ; pour être convaincu, dis-je, que cette assertion est inexacte et ne doit être considérée que comme un subterfuge, il suffit de rappeler que dans ce chapitre je me suis proposé de déterminer que le Moi ou conscience de sa personnalité n'est autre chose que le fait de la sensation ; dès lors j'ai dû parler de tout ce qui se rattache à ce phénomène, c'est-à-dire de la sensibilité qui en est l'élément essentiel, des différents modes d'être qu'affecte cette faculté dans les divers organes, de ses causes d'excitation, de ses rapports avec le monde extérieur, etc., etc.

Pour arriver à ce résultat et qu'on ne puisse le contester, j'ai été obligé préalablement de remplir une lacune importante de la science, c'est-à-dire que j'ai dû m'imposer la tâche de déterminer d'abord ce que l'on doit entendre par les mots *sensations* et *sensibilité*, termes journellement employés dans la physiologie et la philosophie, et qui n'expriment, jusqu'à ce jour, qu'une idée très vague, et dont il importe de bien désigner l'objet. En cela, comme je le dis au commencement du chapitre, j'ai voulu *éviter « la faute essentielle des psycolo-« gistes, qui se servent des mots sans définir les « objets dont ils sont la manifestation. »*

Qu'a répondu M. Clerc à toutes ces questions vitales de philosophie, où doivent toujours se rencontrer la physiologie et la prétendue science appelée psycologie? questions qui, par conséquent, méritent d'être traitées avec le plus grand soin et tout le talent dont on est capable. Pour donner une idée de l'insuffisance dont M. Clerc a fait preuve en cette circonstance, il suffit, Messieurs, de vous retracer les quelques phrases qui constituent son appréciation de mes sept paragraphes.

« Dans ce bloc (les sept paragraphes), dit-il, « l'auteur prend à tâche d'étaler tout le mécanisme « corporel de l'homme. Le but visible de cette des-« cription est de dire implicitement : Voyez la com-

« plication de cette machine et le nombre de ses
« éléments ! n'y a-t-il pas dans tout cet ensemble
« assez d'industrie pour les opérations que vous ap-
« pelez mentales ? faut-il y ajouter la présence d'une
« ame spirituelle, qui ne peut créer que de nou-
« veaux embarras ? c'est-à-dire, en d'autres termes,
« que plus une montre est chargée de rouages,
» moins elle a besoin d'un ressort, grand ressort
« élastique, *qui ne leur ressemble point*, et qui
« pourtant leur imprime et maintient le mouvement.
« Ce moteur, qui remplace l'ame, selon M. Guil-
« laume, c'est l'impressionnabilité vitale ; *c'est un*
« *ressort qni tient lieu de tout et ne laisse rien à*
« *désirer.* Dans un de ses paragraphes, *il gronde*
« *son art*, la physiologie, de ce qu'elle traite la sen-
« sibilité de qualité active ; il n'y a, dit-il, que
« passivité et négation à pouvoir sentir.

« Si les physiologistes, répondons-nous, ont at-
« tribué à la sensibilité d'être active, ils ont été, en
« effet, inconséquents ; un matérialiste ne doit voir
« d'activité nulle part. Mais, après tout, ce tort les
« regarde ; *il suffit à la psycologie de professer que*
« *la sensibilité est active*, et d'être conséquent dans
« cette assertion. »

Telle est, MESSIEURS, la savante appréciation qu'a
faite votre collègue de mes sept paragaaphes. Si,
pour infirmer tout ce que j'ai dit de l'impressionnabilité vitale, c'est-à-dire de ses rapports avec les
fonctions spéciales des organes, avec leur texture,
avec la nature des modificateurs tant internes qu'ex-

ternes, de ses modes d'être particuliers dans le cerveau où elle prend le nom de sensibilité, où elle
offre autant des modes distincts qu'il y a de sens,
etc., etc., il suffit à M. Clerc d'avoir dit : « *C'est*
« *un ressort qui tient lieu de tout et ne laisse rien*
« *à désirer.* » Il faut convenir que sa manière de
philosopher est fort commode et n'exige pas une
étude bien approfondie des lois de la nature. Puisqu'il a trouvé que ce ressort laisse à désirer, il entrait dans ses attributions de critique improbateur
de signaler les mouvements étrangers à ce ressort,
et de faire voir qu'ils émanent d'une autre source ;
c'est une lacune qu'il avait à remplir, la science en
aurait profité, et chacun aurait été convaincu que
j'ai eu tort de faire de l'impressionnabilité vitale le
point de départ de tous les phénomènes tant organiques qu'intellectuels. Mais les livres de M. Clerc
n'ont point traité cette question.

Ensuite M. Clerc trouve mauvais que j'ai soutenu,
contre l'opinion générale des physiologistes, que
l'impressionnabilité, et conséquemment la sensibilité, est une faculté passive, attendu que l'aptitude
à être modifiée dans son état ne peut être qu'une
passivité et non une activité, puisqu'on reçoit l'action au lieu de la donner. Pour être fondé dans son
improbation, il n'avait qu'à vous articuler les motifs qui rendent évidents le vice de mon raisonnement ; mais sa sagacité philosophique, qui est si souvent en défaut, ne lui ayant suggéré aucune bonne
raison, il n'a rien trouvé de mieux à vous dire, si-
nonque *je gronde mon art.*

Enfin, MESSIEURS, vous avez dû être persuadés
que votre collègue ne connaît même pas la doctrine de
ses maîtres, lorsqu'il vous a dit que la psycologie
professe *que la sensibilité est active.* S'il avait bien
étudié et conçu leur théorie de l'être *suî conscius*, il
affirmerait le contraire. Je ne veux point vous rappeler cette théorie pour vous faire voir que M. Clerc
a commis une grave hérésie ; j'arriverai plus promptement au but que je me propose, en vous citant
simplement un passage de M. Jouffroy, l'un de ses
maîtres.

« Dans la sensation agréable et dans la sensation
« pénible, dit ce philosophe, *ce qui sent en nous*
« *est purement* PASSIF; il *éprouve, dans ces deux*
« *cas, l'action d'une force étrangère.* Mais à peine
« a-t-il commencé à la subir, qu'*excité par l'im-*
« *pression*, il réagit vers la cause de cette impres-
« sion et développe un mouvement qui, sortant de
« lui et allant à elle, se distingue nettement du mou-
« vement de cette cause qui partait d'elle et abou-
« tissait à lui. (1) »

Il est constant, d'après ce passage, que la psycologie moderne reconnaît la passivité de la sensibilité,
et que le mouvement qui a lieu à la suite de l'exercice de cette faculté n'est que consécutif, de même
que la réaction de toutes les forces physiques n'est
déterminée qu'en vertu d'une impulsion préalablement communiquée. Le mouvement dont parle ici

(1) Encyclopédie moderne, tome II, page 138.

M. Jouffroy n'est que la réaction vitale qui se manifeste toutes les fois qu'une cause stimulante agit sur
la sensibilité d'un organe ; cette réaction constitue le
phénomène complexe de l'excitation organique qui
se compose , ainsi que je l'ai fait voir dans ma physiologie , de la contraction des solides , de l'afflux des
liquides et du développement de la chaleur animale
dans leur interieur.

Concluons donc que l'assertion de M. Clerc est
une hérésie en psycologie.

Après cette savante critique de mes sept premiers
paragraphes traitant du Moi physiologique , le voici
venir menaçant encore de sa toute puissante dialectique le huitième et dernier qui compose le second
chapitre soumis à son appréciation.

Pour bien faire ressortir l'habileté avec laquelle il
s'est acquitté de sa tâche , je vais vous rappeler som-
mairement , MESSIEURS , les questions principales
que renferme ce paragraphe , puis vous verrez comment il y a répondu.

J'ai déterminé 1º que nous n'éprouvons jamais
qu'une seule perception ou sensation distincte à la
fois , mais que les sensations se succèdent plus ou
moins rapidement , suivant certaines conditions organiques que je signale ; 2º que le Moi est soumis
aux mêmes conditions que la sensation , qu'il en pré-
sente les mêmes caractères , d'où la conclusion qu'ils
ne sont l'un et l'autre que le même phénomène ;
3º que les psycologistes n'ont pu déterminer les circonstances qui , selon eux , dominent souvent l'acti-

vité de l'être *suî conscius ;* que la physiologie a démontré que ces circonstances ne sont autres que des
modifications particulières survenues dans la vie organique du cerveau ; 4° que si le Moɪ est, selon les
psycologistes, le seul élément de la perception qui
soit saisissable, *qui puisse être étudié,* il résulte de
ce fait que le phénomène de la perception ne consiste en réalité pour nous que dans le Moɪ : donc le
Moɪ est toute la perception, et que ces termes Moɪ,
perception, sensation, sont synonymes, n'exprimant que l'existence d'un seul être ; qu'ils ne sont
l'un et l'autre qu'une dénomination générique exprimant indistinctement toutes les modifications per-
çues rapportées à notre individualité, et par lesquelles nous la distinguons des objets qui l'environ-
nent ; 5° que comme il n'y a en nous qu'un individu
appelé A ou B, l'axiôme fondamental du psycologisme « *je me sens,* » qui exprime une double existence, est faux ; qu'on doit lui en substituer une
autre indiquant qu'il n'y a en nous qu'un seul être ;
6° que si le Moɪ n'est que la sensation, il n'est donc
ni *un,* ni *identique,* comme le prétendent les psycologistes ; qu'il est, au contraire, aussi multiplié
que les sensations, et offrant autant de variétés
qu'elles.

Comment M. Clerc a-t-il critiqué cette série de
propositions ? Fidèle à sa trop facile méthode d'appréciation, il s'est contenté d'en nier les conclusions.
Cependant, en bonne dialectique, il est évident
qu'il n'est point autorisé à faire une pareille déné-

gation avant d'avoir démontré, contrairement à ce
que j'ai prouvé, que le Moi n'est pas, en dernière
analyse, tout simplement le phénomène de la sensation, et que la sensation ne consiste pas elle-même
dans une simple excitation du cerveau ; car tant
qu'on n'aura pas démontré que cette proposition est
fausse, on n'est pas en droit de conclure à l'unité et à
l'identité du Moi. Il importait donc à la psycologie
que M. Clerc fît ressortir l'inexactitude de mes raisonnements et des faits sur lesquels je les appuie.

Mais vôtre collègue, Messieurs, a laissé à d'autres
le soin de résoudre mes objections ; il a eu, lui,
quelque chose de plus essentiel et de plus curieux à
vous faire voir, c'est la supériorité de mon matérialisme sur celui de Broussais ; chose que vous ne de-
vez pas ignorer, car il vous l'a déjà répétée mainte-
fois. On ne voit pas qu'en prouvant cette thèse il
aura déterminé que le Moi est fort distinct de la sensation ; mais M. Clerc ne tient pas à la logique qui,
comme vient de le dire récemment un de nos pu-
blicistes, est la géométrie des idées.

Or, pour prouver que je suis un matérialiste in-
comparable, M. Clerc commence par citer un passage du docteur Miquel, par lequel ce dernier reproche à Broussais d'avoir indiqué d'une manière
trop vague le centre des perceptions en le plaçant à
la partie supérieure de la moëlle allongée, parce
que, dit M. Miquel, pour que les impressions puis-
sent se rencontrer, il faut que ce centre soit bien
déterminé ; car si on le place un peu trop à droite

ou un peu trop à gauche, les impressions resteront isolées, et alors il sera impossible qu'elles entrent en comparaison : de là la nécessité de procéder géométriquement dans la recherche de ce point central. Si donc on agit ainsi, on arrivera au point abstrait des mathématiciens, qui n'a ni étendue, ni dimension ; c'est donc dans ce point qu'est logé le Moi qui compare, qui juge. (1)

Il faut être bien dépourvu de raisons sérieuses pour recourir à de pareilles subtilités, à peine supportables dans l'ergoterie frivole des écoles, attendu qu'elles ne peuvent que nous entraîner dans une discussion sans résultat sur la question insoluble des *indivisibles*, qui, comme on le sait, sert de fondement à une méthode de géométrie dont les principes offrent des difficultés si fortes, qu'elles n'ont pu être résolues directement, jusqu'à ce jour, par les génies les plus pénétrants.

D'ailleurs, ce centre abstrait dont parle M. Miquel, n'existe pas dans les organes. La géométrie

(1) Voici ce passage que M. Clerc cite avec complaisance : « Ce « centre qui perçoit les impressions opposées, qui les compare, qui « les juge, qui obéit à l'une et à l'autre, M. Broussais l'a placé à la « partie supérieure de la moëlle allongée ; mais cette indication est « encore trop vague, *il faut chercher le centre de cette partie supé-* « *rieure*, car si la stimulation des appareils encéphaliques arrivait au « côté gauche et la stimulation des viscères au côté droit, ces stimu- « lations n'auraient rien de commun entre elles, elles resteraient per- « pétuellement isolées. Il faut donc admettre de toute nécessité que « les impressions arrivent jusqu'à un point central *sans étendue* et *sans* « *dimension*. Là elles ne se reconnaissent pas, et ne se jugent pas les « unes les autres ; il y a quelque chose qui les perçoit distinctement, « qui les compare et les juge. Ce quelque chose est le Moi. »

suppose l'existence de ses points, de ses lignes, de ses surfaces abstraits pour faciliter ses calculs et ses démonstrations; mais dans un corps comme la moëlle allongée, il n'y a pas de surface sans profondeur, de ligne sans largeur, de point sans étendue ; ensuite de ce qu'il serait impossible de déterminer à $\frac{1}{100}$ ou à $\frac{1}{1000}$ de ligne près les molécules qui composent le centre d'un corps, on ne serait point autorisé à conclure pour cela qu'il n'y a pas une molécule centrale où convergent les mouvements qui sont communiqués à ce corps.

Considérez en outre, Messieurs, qu'en reprochant à Broussais d'avoir désigné d'une manière trop vague le centre des perceptions, M. Miquel ne l'a pas indiqué mieux que lui. Quelle que soit la méthode qu'il emploie pour arriver à ce résultat, peu importe ; mais considérant la chose au point de vue pratique, il est obligé de nous désigner par sa formule où est son point sans étendue, c'est-à-dire à quelle partie du cerveau, et même, si l'on veut être plus subtil, à quelle molécule il correspond ; autrement il nous laisse dans le même vague qu'il reproche à Broussais : or, c'est ce que M. Miquel n'a point fait. De plus, en supposant même que ce point central soit bien déterminé, pour pouvoir affirmer qu'il est le foyer de rencontre des diverses impressions, il faudrait en outre prouver que l'on connaît parfaitement les directions que suivent ces impressions dans la moëlle allongée ; comme ce fait nous est entièrement inconnu, on ne peut que hasarder à cet égard que des hypothèses sans fondement. Si M. Miquel suppose que les impressions vont en ligne oblique qui ne peuvent se rencontrer qu'en un point donné; moi, je soutiens, au contraire, qu'elles suivent des courbes ou qu'elles vont d'un côté de l'organe à l'autre, en parcourant plusieurs lignes réfléchies qui se coupent en plusieurs endroits, et où les impressions doivent nécessairement se rencontrer; en sorte qu'une impression qui arrive par la partie droite d'un organe peut aller rencontrer une autre impression qui est dans le point le plus excentrique du côté gauche. D'après cette manière de concevoir le phénomène, il ne serait plus nécessaire de rechercher le point central de l'organe, puisque tous ses points pourraient être indistinctement un lieu de rencontre.

Voilà comment, lorsqu'on veut traiter des questions insolubles par leur nature, au moyen de suppositions imaginaires, on perd son temps à discuter longuement et fort inutilement, sans arriver à aucune conclusion.

Comment M. Miquel a-t-il aussi reconnu que les impressions qui arrivent dans un centre de perception, sont obligées de se rencontrer pour que la comparaison soit possible? C'est encore une supposition non motivée. Les physiologistes admettent simplement que les impressions, qui ne sont qu'un mouvement communiqué, ébranlent l'organe où elles convergent, et l'excitent ainsi à opérer sa fonction; mais ils évitent, et avec raison, de construire de ces

théories qui, n'étant basées sur aucune donnée cer-
taine, ne sont qu'un jeu de l'imagination. M. Miquel
émet un fait inexact lorsqu'il avance que des impressions de nature différente peuvent être comparées
entre elles. Je ne puis entrer ici dans les développe-
ments qu'exige cette question ; ils m'entraîneraient
trop loin de l'intéressante critique de M. Clerc qui
a tant d'attraits pour moi.

Enfin ce point mathématique qui constitue, pour
M. Miquel, le centre des perceptions, a, selon lui,
une existence réelle ou supposée. S'il affirme qu'il
constitue une réalité, il doit pouvoir déterminer ses
modes d'être au moins essentiels, autrement il est
évident qu'il ne le connaît pas et que son assertion
n'est qu'une hypothèse tout-à-fait gratuite ; car définir ce point par une négation, par la non étendue,
c'est avouer qu'il n'est qu'un néant, qu'un vide ; on
ne peut, en conséquence, lui assigner une place
dans le cerveau où il n'y a pas de vide absolu.

Si, au contraire, M. Miquel ne considère son
point que comme une pure abstraction, ainsi
que le font les mathématiciens, il reconnaît par là
que ce point n'est pour lui qu'une manière de s'expliquer l'extrême petitesse à laquelle, d'après la théorie des infiniment petits, on pourrait réduire la partie du cerveau que l'on doit considérer comme constituant le foyer des perceptions ; alors, dans ce cas,
ce foyer est toujours une partie du cerveau. On
pourrait demander aussi à M. Miquel, qui fait du
Moi un être particulier qui, comme son point vide

où il est logé, est aussi sans étendue, sans densité, sans forme, sans odeur, sans saveur, sans chaleur, sans froid, etc.; on pourrait demander, dis-je, à M. Miquel comment il conçoit qu'un corps puisse agir sur un être immatériel, et réciproquement? Conçoit-il aussi le mouvement et l'action, sans les corps sensibles?

Malgré ces considérations et une infinité d'autres que l'on pourrait faire valoir contre ce passage de M. Miquel, votre collègue, Messieurs, qui ne paraît pas très fort dans la recherche des objections, le trouve, lui, admirable; aussi n'a-t-il pu s'empêcher de vous manifester son enthousiasme par ces paroles: « Sans être médecin ni philosophe, on sent *que là « est le vrai;* le Moi y est replacé sur ses véritables « bases et dans son centre d'unité. » Ne pourrait-on pas répondre à M. Clerc que c'est justement parce qu'il n'est ni médecin, ni philosophe, qu'il n'est pas à même de bien apprécier une question de physiologie et de philosophie, et que ses jugements sur les matières de cette nature doivent inspirer peu de confiance, comme il a eu grand soin de le prouver dans toutes les parties de sa critique.

D'après ce que vous venez de voir, Messieurs, il paraîtrait que Broussais n'est matérialiste que parce qu'il place le centre des perceptions dans une réalité, c'est-à-dire dans une partie du cerveau, au lieu de le situer dans un vide, dans un point dont l'existence est une négation, qui n'est ni matière, ni esprit, qui est on ne sait quoi. Est-on donc si coupable

de croire à l'évidence plutôt qu'à ces êtres mysté-
rieux dont l'existence est si problématique? « Ce-
« pendant tout matérialiste qu'est Broussais, il n'ad-
« met au moins qu'un foyer de perceptions, dit M.
« Clerc ; il est encore raisonnable. Avec cette unité
« de centre, les psycologistes peuvent, jusqu'à un
« certain point, maintenir celle de leur Moi ; mais
« qu'on parle de cinq centres de perceptions, un
« pour le sens de la vue, un autre pour l'ouie, puis
« un troisième, puis un quatrième, voire même un
« cinquième, pour le toucher, le goût et l'odorat,
« ceci passe toutes les bornes, et M. Guillaume ne
« mérite rien moins que de passer aux assises pour
« avoir émis une pareille proposition. Avec une
« telle doctrine que va devenir l'unité et l'identité
« de notre bonhomme, le Moi ? Nous avons déjà assez
« de peine de le faire reconnaître comme souverain
« absolu du corps humain, et de détruire les pré-
« ventions qu'inspire sa petite taille, qui lui fait dé-
« nier la puissance d'imprimer le mouvement à la
« lourde machine qu'il dirige : attendu, disent les
« matérialistes, qu'il est contre toute évidence qu'un
« pygmée plus de cent millions de milliards de fois
« plus petit que le plus petit des êtres microscopi-
« ques, puisqu'il est logé très à l'aise dans un point
« mathématique, puisse mettre en mouvement le
« corps d'un tambour major, dont le volume et le
« poids comparés au sien ne peut être exprimé par
« les chiffres. Est-il bien digne aussi de la majesté
« humaine, disent-ils, de la réduire à de si faibles
« proportions ?

Votre collègue, Messieurs, vous a bien annoncé,
en thèse générale, que je suis plus matérialiste que
l'auteur du Traité de l'irritation et de la folie, mais
il a oublié de déterminer quels sont les degrés de ma
supériorité sous ce rapport; c'est cependant une lacune qu'il lui importait de remplir, afin de vous
bien faire partager toute l'horreur que lui inspire,
et qui, selon lui, doit inspirer à tout le monde
un homme qui ose professer que les différentes espèces d'impressions convergent chacune sur une
partie distinct du cerveau. Comme il paraîtrait, d'a-
près ce que vient de dire M. Clerc, que les degrés
du matérialisme se mesurent sur le nombre des centres de perceptions que l'on admet, il résulterait,
en parlant de cette donnée, que, sous ce rapport,
je l'emporte de quatre degrés sur Broussais, attendu
qu'en bonne soustraction 1 ôté de 5 il reste 4.

Mais, Messieurs, quelque concluant que soit cet
excellent raisonnement, dont je voudrais pouvoir
faire honneur à M. Clerc, je demande s'il démontre
1º que l'ablation des hémisphères cérébraux, qui,
selon MM. Magendie, Rolando et Flourens, produit
la cécité chez les mammifères, ne laisse pas subsister la perception des odeurs, des sons et des saveurs,
fait qui tend à prouver que le centre qui perçoit les
impressions figuratives n'est pas le même que celui
des sons, des odeurs et des saveurs ; 2º que tout ce
que j'ai dit pour démontrer que le Moi des psycologistes n'est autre chose que le phénomène de la sensation est erroné ; 3º que la sensation n'est pas une
simple excitation organique du cerveau.

Ici se termine la critique improbatrice que M. Clerc a eu la prétention de faire des deux premiers chapitres de mon livre. Je pense, MESSIEURS, vous avoir démontré que votre collègue ne s'est pas démenti d'un bout à l'autre; qu'il a toujours été à la même hauteur sous le rapport de la logique, de l'exactitude de ses assertions et de l'à propos des quelques citations par lesquelles il a voulu vous donner une haute idée de son érudition.

Quand je dis que M. Clerc a fini, je me trompe; quatre lignes du chapitre suivant ont frappé son attention, et il en fait le texte de sa péroraison. Il a cru deviner, dans ces quelques lignes, que je le range parmi les animaux des hautes classes. Après avoir bien examiné à plusieurs reprises le sens de mes paroles, il finit par reconnaître que *rien n'est plus clair*. Comme il paraît se prêter de bonne grâce à ma classification (1), il est impatient de connaître la place que je lui ai assignée afin de savoir au juste l'importance de son mérite; mais comme sa curiosité est trompée, attendu que je ne me suis point amusé à faire l'énumération, par ordre de supériorité, des individus qui composent sa catégorie, il me fait un reproche de cette lacune; cependant il est facile de voir que ce reproche n'est point fondé. Lorsque j'ai

(1) Tous les philosophes définissent d'abord l'homme *un animal*, puis ils ajoutent la qualification de *raisonnable*. Mais comme le plus grand nombre des hommes ne mérite point cette qualification, elle ne peut dès lors être donnée qu'exceptionnellement, d'où il résulte que la dénomination d'animal, indiquant l'ordre d'êtres auquel appartient l'homme, est la seule qui puisse servir à une définition générale.

6

écrit mon livre ; j'ai dû supposer qu'il ne serait lu que par des personnes qui connaissent au moins les premiers éléments de l'histoire naturelle. Si j'avais su que M. Clerc les ignorait, je me serais fait un plaisir et même un devoir de l'instruire sous ce rapport.

Invoquant ensuite en sa faveur la loi saint Simonienne « *à chacun selon ses capacités,* » votre collègue, Messieurs, se plaint de ce que je ne me suis pas hâté de le déclarer supérieur au singe et au perroquet. Il lui est permis, sans doute, d'avoir une bonne opinion de son mérite et de la majesté de sa personne ; mais comme je me suis fait une loi inviolable de l'impartialité la plus scrupuleuse dans mes jugements, je n'ai pas cru pouvoir me prononcer avant de bien connaître ses titres et ceux de ses concurrents à cette suprématie qu'il convoite si ardemment. Comme je n'ai pu tout d'abord lui assurer la première place parmi ses frères, j'ai pensé qu'on pouvait au moins, pour le consoler, lui accorder un peu plus que la fable n'a fait pour ce pauvre Grillus. Eh bien, pour si peu, M. Clerc est assez bon pour me faire des remercîments dont je suis confus, en vérité. Je me félicite toutefois de ce qu'il se trouve satisfait de la part que je lui fais pour le moment, et le prie de croire que je regrette seulement de n'avoir pu lui accorder davantage.

Telles sont, Messieurs, les observations que je me permets de vous soumettre relativement à la critique que M. Clerc père vous a faite de mon livre.

Son outrecuidance et l'incapacité évidente avec laquelle il a prétendu combattre ce que j'ai dit sur la question du Moi, m'ont fait un devoir de la défense; s'il se fût renfermé dans les bornes des convenances et qu'il n'eût eu pour but que de combattre loyalement des opinions qu'il est libre de ne pas partager, j'aurais laissé le public seul juge du mérite de son appréciation; ou, du moins, en cherchant à justifier mes propositions, j'aurais eu pour sa critique une déférence qu'il n'a pas su apporter dans son attaque.

J'ai l'honneur d'être,

Messieurs,

avec le plus profond respect et la plus haute considération,

votre très humble et obéissant serviteur.

GUILLAUME.

Moissey, 20 octobre 1844.

ERRATA.

———

Page 6 ligne 6, lisez *immortalité de l'ame*, pour spiritualisme.
— 14 — 28, lisez spiritualisme, *pour* spiritualité.
— 15 — 1, lisez peut-elle, *pour* peut-il.
— 56 — 3, supprimez (*qui toutes sont connues*).
— *id.* — 9, supprimez (*connus* après éléments).

DOLE, IMPRIMERIE DE PILLOT.

www.ingramcontent.com/pod-product-compliance
Lightning Source LLC
Chambersburg PA
CBHW050556210326
41521CB00008B/993